社区生活

家政进家庭

林 昱 编著

上海科学技术文献出版社

图书在版编目（CIP）数据

家政进家庭／林昱编著．—上海：上海科学技术文献出版社，
2013.1
ISBN 978-7-5439-5628-5

Ⅰ．①家… Ⅱ．①林… Ⅲ．①家政学 Ⅳ．① TS976

中国版本图书馆 CIP 数据核字（2012）第 281237 号

责任编辑：张　树
封面设计：钱　祯

家 政 进 家 庭

林　昱　编著

＊

上海科学技术文献出版社出版发行

（上海市长乐路 746 号 邮政编码 200040）

全国新华书店经销

常熟市文化印刷有限公司印刷

＊

开本 650×900　1/16　印张 16.75　字数 207 000

2013 年 1 月第 1 版　2013 年 1 月第 1 次印刷

ISBN 978-7-5439-5628-5

定价：25.00 元

http://www.sstlp.com

序

　　家政，从字义上的解释是管理家庭及家人等相关的事务；是一门研究与管理家庭生活的学科，是管理学亦是应用科学，目的在于帮助人们适应并改善其家庭生活。

　　近年来，由于科技文明的突飞猛进，加上工商业的急速发展，社会结构的改变，影响了家庭的组织和功能，而家电用品的普及，更大大改变了人类生活的方式。家庭已由以往的生产单位转变成消费单位，家庭中大部分的家事工作，则多半由家电用品代劳。在这种情况下，人们迫切需要的已不再是生产和操持家务的技能，取而代之的是学习如何选购和利用各种工商业的产品和服务，如何计划和管理家庭的资源，以增进家庭生活的幸福。基于现代社会情况和家庭的实际需要，家政教育的内容已渐偏重于消费、管理和人类发展等知识。

　　21世纪是信息时代，家庭计算机的发展使家庭也成为个人工作、办公的场所：人人都可以坐在家中办公、开会或学习新知。当然，除此之外，家政工作也可以运用计算机来处理。如可使用计算机来计划和管理家庭中的一切资源，简化家事工作，为家人计划饮食、记录家庭的收入和支出等。

　　家政，一直被视为女性的专利。近年来，由于社会的变迁、家庭功能的改变、女性地位的提高，个人或家庭要想拥有美满

的家庭生活就需要掌握一定的家政知识,亦即学习如何适应生活、提高生活质量等。

家政和每一个人的"开门七件事"有关,举凡生活中的衣、食、住、行均包含在内。其范围涵盖精神与物质两大层面,除了技能的学习,更有知识的学习、行为的养成与观念的建立。唯有良好的家政教育,才能培养个人正确的人生观与生活态度,再藉由有效的管理策略,建立幸福的家庭与和谐的社会。

总而言之,家政学习即生活学习。它不仅从生活中体验与学习,更要从不断的学习过程中,提升个人品格素养与生活素质,以期达到提升全人类生活质量的目标。

contents >>

目录

第一章　家庭生活 /1

第一节　安全舒适的家 /1

一、家事工作分配 /1

二、居家整理 /2

三、家庭环保 /6

第二节　室内布置与设计 /7

一、布置的灵魂——色彩 /7

二、室内色彩与空间调整 /8

三、风格的展现——家具 /9

四、视觉守护神——照明 /12

五、画龙点睛——装饰品 /14

第三节　绿化美化我的家 /16

一、室内植物之养护 /16

二、室内空间绿化 /20

三、为花草筑一个家 /21

第四节　保洁技巧 /21

一、搬家后的保洁技巧 /21

二、如何擦玻璃 /23

三、门的保洁技巧 /25

四、室内天花板保洁技巧 /28

五、木地板保洁技巧 /29

六、真皮沙发清洗、保养 /32

七、地毯保洁 /34

八、清洗窗帘 /40

九、橱柜保洁 /41

十、浴室清洁 /42

十一、红木家具的清洁 /43

十二、家庭清洁完全手册 /44

第二章　衣着服饰 /49

第一节　服装材料 /49

一、服装材料 /49

二、织物的鉴别 /50

三、布料的织法 /52

四、织物的应用 /52

第二节　衣物的维护 /53

一、各类质地织物使用后整理要领 /53

二、洗涤 /55

三、熨烫 /67

四、收藏保存 /76

第三章　饮食生活 /83

第一节　吃出健康 /83

一、认识六大营养家族 /83

二、均衡的营养　/84

三、如何安排健康的饮食　/86

第二节　食物的选择与存储　/90

一、食物的选择　/90

二、食物的采购　/96

三、食物的贮存　/97

第三节　饮食安全　/98

一、食品卫生　/98

二、食品中毒　/99

三、食品添加物　/102

第四节　中餐料理　/103

一、刀工的意义　/103

二、刀工的基本要求　/103

三、刀法种类　/104

四、刀工的基本训练　/108

五、刀的使用和保养　/109

六、切配后的形状　/109

七、调味　/111

八、火候　/113

九、初步熟处理　/115

十、制汤　/117

十一、过油　/119

十二、上色　/120

十三、冷菜烹调法　/120

十四、切配与装碟　/130

十五、热菜烹调法 /131

十六、宴席知识 /137

第五节　西餐料理 /140

一、西餐做法 /140

二、蛋的制作 /144

三、三明治 /147

四、酒会小点(以吐司饼干为主) /148

五、开胃品及色拉 /148

六、汤 /150

七、蔬菜、土豆 /152

八、面食及饭 /153

九、海鲜及贝壳类 /155

十、烘焙 /155

第四章　空间收纳 /168

第一节　衣物与卧室收纳 /168

一、卧室收纳方案 /169

二、衣柜收纳设计 /170

三、添置一个衣帽架 /172

四、为衣橱"瘦身" /172

五、冬季衣物收纳小窍门 /173

六、小饰品收纳 /175

第二节　客厅收纳 /176

客厅收纳实用方案 /176

第三节　卫浴收纳 /179

一、高效家具 /180

二、高效空间 /181

第四节 厨房收纳 /183

一、厨房收纳空间 /184

二、存放不规则物品的小窍门 /187

三、厨房要按照顺序整理 /187

四、厨房实用设计案例 /188

五、实用收纳小物推荐 /191

第五节 书房、儿童房收纳 /192

书房 /192

一、悬挂藤编筐丰富视觉效果 /193

二、利用衣架悬挂彩虹文件夹 /193

三、将电源线妥善收纳 /193

四、充分利用空间间隔 /194

儿童房 /194

第六节 家居收纳 /195

一、小物品收纳 /195

二、壁橱收纳的基本法则 /197

三、选择床下收纳箱掌握五大重点 /199

四、寻找其他收纳小空间 /199

第五章 家庭理财 /200

一、家庭财务数据化 /200

二、家庭财务健康诊断 /202

三、人生不同阶段的现金流 /205

四、未来已知财务需要 /206

五、合理的财务投资规划 /207

六、职业生涯的风险 /208

七、生命中最重要的财产 /209

八、长期资金规划 /211

九、家庭理财表的设计 /217

十、"节能主妇"的 30 个生活细节 /223

第六章　家政服务进家庭 /231

第一节　如何管理家政人员 /233

一、家政人员的职业道德 /233

二、家政人员的一般要求 /233

三、家政服务的要求 /234

四、雇主须知 /237

五、常见问题 /239

第二节　如何与家政服务公司打交道 /241

一、家政公司可供选择的服务项目 /242

二、和家政公司打交道应注意什么 /251

附：家政服务合同（员工管理全日制类） /252

chapter 1 >>

第一章
家庭生活

■ 第一节　安全舒适的家

一、家事工作分配

家是全体成员共享喜怒哀乐的地方,我们享受了家所赋予的安全感,当然也应为家尽一份心力,让自己的家庭整洁美满又安康。若能把居家环境整理好,必可使家成为最具吸引力的地方。至于如何把居家环境整理得完善、整洁又有效率,可是有方法的哟!

1. 拟定工作计划

工作计划是将住宅环境,先依其脏乱程度,分析其所需清理状况、间隔时间,然后列表做妥善安排,以定期打扫,避免疏漏,才能常保环境整洁。家中除了每日例行性的整洁工作(如倒垃圾、整理工作台、洗衣服、收拾碗筷等)之外,对一些不必天天整理的家务工作,我们都可以拟定每周及每月的清洁工作表,按表切实执行,以维护整洁。至于平常不易清洁或需花费较大精力处理的工作,则可利用换季或年终大扫除时,再加以全面清扫。

2. 家人共同负担清洁工作

住宅环境的整洁是由家庭全体成员共享的,因而清洁工作,也应由全体成员共同分担,不仅可减轻主妇工作的劳累,亦

可增进家庭和乐的气氛。

至于工作的分配,可共同商讨后,制成工作分配表,如制订每日工作分配表(表1),配合每周、每月工作计划表,分配每个人负责区域及工作内容(表2)。

表1　每日清洁工作分配表

成　员	工作内容
爸　爸	倒垃圾、整理报纸
妈　妈	清理厨房、整理餐桌
孩　子	洗碗筷

表2　每周清洁工作分配表

日　期	工作内容	负责人
星期三	整理卧室、起居室	全部成员
	整理客厅	孩　子
	清理浴室、厕所	全部成员
星期六	清理庭院、阳台、水沟	爸　爸
	清扫楼梯	孩　子
	擦拭地板	妈　妈

二、居家整理

1. 环境整理秘籍

善用整理的技巧与诀窍,可使我们做起家事来省时、省力又有效率。下列这些整理诀窍,你不能不知道哦!

(1) 全家商议决定后的工作计划表,应持之以恒执行。

(2) 平常不易清理的物品,可利用换季或大扫除时再彻底清扫。

(3) 打扫顺序由上往下,由里往外。

(4) 通风干燥,保持清洁,不留食物残渣是防治虫害最好的方法。

(5) 物品宜分类、定位放置。

(6) 污垢应立即清洗,否则积垢难除,费时费力又耗损器物。

(7) 电器用品应依说明书指示使用,插头和插座附近不可浸水清洗。

(8) 使用清洁剂时,最好戴上手套,并避免喷溅到眼睛、皮肤。

(9) 透明橱柜应避免存放尺寸凌乱的物品。

(10) 可回收垃圾,应做资源回收。

2. 善用工具

"工欲善其事,必先利其器",整洁工作要做得省力、省时、轻松而彻底,即需正确地使用清洁工具与清洁剂。

1) 清洁工具与用途

一般常用的清洁工具及其用途如下:

(1) 扫帚——扫地

(2) 刷把——洗刷地板

(3) 拖把——拖地

(4) 鸡毛掸——除尘

(5) 刷子、棕刷、泡绵、钢丝球——刷洗物品及设备

(6) 抹布——擦拭物品、墙壁

(7) 水桶——盛水

(8) 簸箕、垃圾桶——盛装垃圾、污尘

(9) 电动吸尘器——吸取灰尘

(10) 电动打蜡器——打蜡

(11) 电动洗地机——洗地

上述各种清洁工具,亦有将几项功能合成一体者,如拖地、洗地、打蜡一机兼备。

2）清洁剂

清洁工具须配合各种不同用途的清洁剂使用,才能达到清洁的要求与工作效率。市面上清洁剂种类繁多,有玻璃专用、厨房油污及卫浴设备专用等,购买及使用时,应先看看说明,才能达到效果。

3. 清洁方法

（1）工作前换上工作服或围裙,戴上头巾和口罩。工作服上可缝几个大口袋,整理时,先将散落物品放进口袋中,待收拾完再归位。

（2）打开窗户,使空气流通。

（3）注意工作顺序,从上至下,由里而外。

（4）清洁天花板时,可先将家具、器物搬至室外或以旧报纸、旧床单遮盖防尘。

（5）洗刷墙壁、地板、器物,应视其材质,使用适合的清洁工具及清洁剂。如木质、油漆材料用湿布;水泥材料用清洁剂洗刷后冲净;壁纸表层有薄胶膜者,用软布或蘸少许水擦拭;表层无塑料膜则用鸡毛掸除尘;铝材、玻璃、塑料可用海绵、湿布蘸清洁剂清洗,避免用硬质刷子;不锈钢材质为避免湿布擦拭后留下水渍痕迹,可以海绵擦拭。

（6）马桶用完立即冲水,并经常刷洗。

4. 各区域整理重点

1）客厅、书房、卧室

（1）沙发依材质以湿布、吸尘器或干抹布做定期清理。

（2）布质窗帘至少半年清洗一次(可拆卸后放入洗衣机中清洗)。

（3）百叶窗闭合后用鸡毛掸子拭去灰尘,或先戴上塑料手套再戴上粗棉手套逐片擦拭,也可以用抹布擦拭。

（4）天花板上蜘蛛网可用长柄扫帚套上旧长袜或旧抹布清除。

（5）地毯每周以吸尘器吸两次,每月再以地毯专用清洁剂彻底清理。

(6) 地面(地板或地砖)每日清扫,每周用拖把拖洗一至两次。

(7) 冷暖气机过滤网应定期清洗、吸尘。

(8) 墙饰、挂画、橱柜每周擦拭一次。

(9) 每日整理床铺、书桌并折叠被褥。

(10) 寝具每日清洗一次,弹簧垫亦趁拆洗床罩时,用湿布擦拭干后翻面。

2) 厨房

(1) 料理台、抽油烟机、炉台及墙壁,使用完立即擦拭,并保持通风干燥。

(2) 烹调完毕顺手拖地。

(3) 垃圾每日清洗丢弃,垃圾桶保持干燥并加盖。

(4) 抽油烟机至少半年送洗一次,滤油槽更应经常清理。

(5) 微波炉和烤箱用完即以湿布擦拭内部。

(6) 冰箱、橱柜每周擦拭整理一次,并将过期食物及空瓶、空罐丢弃。

3) 浴室

(1) 随时保持通风干燥,以杜绝细菌滋生。

(2) 洗完澡,顺手刷洗地面、洗脸盆及浴缸内部,以免积留皂垢水渍。

(3) 浴缸、马桶座、洗脸台下方靠近地板及转角处易积霉菌,可用稀释漂白水或专用清洁剂刷洗。

(4) 置物篮架细缝处可用旧牙刷清洗。

4) 室外、公共区域

(1) 公用楼梯可与同栋住户共同协商,订定每周清扫日。

(2) 水塔至少每年清洗一次,并经常检查盖子是否盖好,以防外物进入。

(3) 清洁工具、物品置放室外,应考虑整洁美观及安全。

（4）物品废弃不用时应立即丢弃，以免变成虫害的温床。

（5）庭院、阳台花木应定期修整，水沟、排水孔更应经常清理保持畅通。

三、家庭环保

随着人口增加，消耗性产品大量使用及物质供应充足且价廉，于是人们制造的垃圾不断地增加，成了垃圾处理的困难。大街小巷难以处理的脏乱及难闻的空气，更是深深地影响居民的健康，因此，维护环境卫生，首重垃圾处理。

1. 建立资源回收、再利用的观念

有些垃圾经过整理后，可再重新利用，如草叶、畜粪可做盆栽、作物的堆肥；厨房的厨余收集掩埋可做堆肥；塑料瓶剪修后可种植盆栽；购物的塑料袋再回收利用，并尽量采用可重复使用的购物袋，废纸、铁罐可卖给收购旧物的人，回厂后再生产成再生纸、废铁等。

2. 建立家中垃圾分类的观念

家庭中的垃圾可分为三类：可燃性垃圾：如纸、木、竹、布、塑料、皮革、橡胶、厨房余物等。不可燃性垃圾：如玻璃、陶瓷、砖石、金属、砂土、电池、灯管、贝壳等。巨大垃圾：如旧家具、旧冰箱、旧电视机等。

巨大垃圾可向卫生单位申请清运，或运到卫生单位指定的地点去丢弃，而可燃及不可燃性垃圾的分类，应配合地方政府的垃圾处理办法施行，并于家中先自行将垃圾装袋，等垃圾车前来收取，或依规定时间放置在垃圾收集地点集中。

3. 培养公德心，不乱倒垃圾

将垃圾放置室外，不但影响观瞻，而且有碍环境卫生；乱倒垃圾，更是违法，很容易造成下水道阻塞，尤其在雨季时，雨水下泄不及，更容易导致淹水。

4. 家庭环保小事项

(1) 污渍用清水处理,减少使用化学清洁剂的频率。

(2) 旧报纸可擦拭窗户。

(3) 湿布蘸小苏打粉可去霉斑。

(4) 油腻餐具先以纸巾擦拭,再用热水或液体肥皂清洗。

(5) 避免使用喷雾式清洁剂、杀虫剂,以免有毒物质沾染空气、皮肤或吸入肺部。

(6) 节制欲望,尽量减少购买不必要的物品。

(7) 以天然物品代替化学品,例如:以花香代替清香剂;液体肥皂、茶粉、面粉水、洗米水代替洗洁精;醋加水或柠檬汁代替浴室、地板清洁剂。

■ 第二节 室内布置与设计

一、布置的灵魂——色彩

色彩是室内形式的另一基本要素,它不仅是创造视觉形式的主要媒介,而且兼具实际的功能。换句话说,室内色彩具有美学和实用的双重目标,一方面可以表现美感效果,另一方面可以加强环境效用。

室内色彩不仅是创造视觉效果的要素,而且具有下列主要功能:性格的表现、光线的调节、空间的调整、活动的配合、气候的适应。

色彩是一种富于象征性的形式媒介,应用室内色彩以表现性格实为最有效的途径。在原则上,黄、橙、红和红紫等暖色属于积极的色彩,具有明朗、热烈和欢愉等感觉;蓝绿、蓝和蓝紫等冷色属于消极的色彩,具有安详、冷静与平和等感觉;而黄绿、绿和紫等中性色彩则具有较为中庸的性格。同时,明度高的色彩坦率而活泼;明度低的色彩深沉而神秘。彩度强的色彩炫耀而奢华;彩度弱的色彩含蓄而朴实。

色彩的象征性表

色　　别		正　面　象　征	反　面　象　征
积极色彩	红	喜悦、热情、权势、勇敢、活跃	愤怒、恐怖、仇恨
	橙	热烈、成熟、活泼	炫耀、嫉妒、虚伪
	黄	愉快、希望、明朗、高贵	轻佻
	白	纯洁、素净、神圣	空虚
中性色彩	绿	健康、安全、生长、年青	
	紫	优雅、华贵、神秘	不安、卑贱
	灰	温和、谦让、中立	平凡、暧昧、中庸
消极色彩	蓝	优雅、安息、和平、淡泊、深奥	忧郁、哀愁
	黑	静寂、严肃、神秘、沉默	悲哀、恐怖、罪恶、黑暗

二、室内色彩与空间调整

色彩由于本身性质所引起的错觉作用,对于室内空间具有面积或体积上的调整作用。假如室内空间发生过大过小或太高太矮的不良感觉时,可以应用色彩给以适度的调整。

根据色彩的特性,明度高、彩度强和暖色相的色彩,皆具有前进性;相反的,明度低、彩度弱和冷色相的色彩,皆具有后退性。室内空间如果感觉过于松散时,可以采用具有前进性的色彩以处理墙面,使室内空间获得较为紧凑亲切的效果;相反,室内空间如果感觉过于狭窄拥挤时,则应采用具有后退性的色彩来处理墙面,使室内空间取得较为宽阔的效果。

明度高、彩度强和冷暖色相皆属具有膨胀的色彩;相反的,明度低、彩度弱和冷色相皆属于具有收缩性的色彩。假如室内空间较为宽大时,无论家具或陈设皆须采用膨胀性较大的色彩,使室内产生较为充实的感觉;假如室内空间较为狭窄时,家具和陈设则宜采用收缩性较大的色彩,使室内产生较为宽阔的感觉。而且,室内空间若较为宽广时,可以采用变化较多的色彩;室内空间若较为狭窄时,则必须采用单纯而统一的色彩。

三、风格的展现——家具

家具的造型与色彩,往往最能显现出主人的风格与气质。家具在表面字义上是指室内生活所应用的器具,在实质上,任何室内空间皆是只有外壳构架的虚体,唯有透过家具的设置始能显示或肯定它的特定功能和形式。因此,家具不仅是决定室内功能的根本基础;而且是表现室内形式的主要角色。换句话说,任何室内空间皆将因家具功能的不同而改变生活用途;并将因家具形式的差异而改变视觉效果。但是,只重功能而无良好形式的家具只能算是粗鄙的产品;只重形式而无实用功能的家具则无疑是虚假的饰物。基于这种认识,唯有功能和形式结合成为一体的家具,始能兼顾身心双方的需要,发挥高度的价值。

1. 家具的功能

家具的功能以舒适和便利为基本要求;以发挥弹性和节省空间为最高原则;同时,并需具有耐久使用和易于维护等主要条件。

ℓ 舒适

凡是与人体活动有关的座椅、床、工作台、餐桌椅和贮藏家具等,皆应合乎人体工学原理,采用适宜的材料和结构,使之真正有助节省体力、放松情绪、消除疲劳、增进健康。同时,并需重视造型和色彩等视觉因素,以满足心理上的舒适需求。

ℓ 便利

形状轻巧的家具,特别是易于装拆变化的单元组合家具,较合乎便利的原则;相反的,粗笨呆板的家具却难以移动陈列,不可避免时应装配把手或轮脚。

ℓ 弹性

家具的弹性是产生多目标功能的根本因素。家具若能具有多种转变用途,不仅可以减少数量,而且可以节省空间。例如,坐卧两用沙发和组合家具等皆富于弹性。

ℓ 节省空间

现代家具必须特别重视节省空间的因素。一方面宜研究合理的尺度和结构,能尽量缩小家具的体积,并发挥弹性;另一方面则宜充分利用立体空间,以缓和平面空间的负荷量。采用折叠、堆积或套组等形态的桌椅和嵌入式的橱架等,皆富于节省空间的特性。

ℓ 耐用

家具的长期使用价值,主要决定于材料的质量和结构的坚固度。

ℓ 易于维护

家具的维护包括清洁、修理和重新表面处理等。假如家具具有防裂、防染和耐热、耐刮、耐击综合特性,将可使维护工作减少至最低程度,而获得节省劳力和经费的双重作用。

2. 家具的运用

除了要配合自己的风格与品味外,经济、实用与保养的条件,也应慎重考虑。此外,我们还需要了解:

(1) 家具的数量、大小与造型要配合空间面积。空间大时,家具数量可多,体积可大,造型可较复杂多变,摆设时亦较能自由化;空间小时,家具宜少且小,造型要简单,摆设时宜规律整齐,尽量靠墙边。

(2) 同一空间里的家具应在色彩或造型上,取得统一与协调。

(3) 多功能及组合型家具,摆放时较节省空间,亦较富弹性。

(4) 选购家具之前,应事先想妥摆放位置,并量妥适宜的尺寸。

(5) 家具要常保如新、延长使用期限,就必须依其材质做适当的保养。

3. 材质

1) 木质桌、椅、床、柜、天花板、壁板、地板,具健康、舒适、自然温暖的气息,保养方法为:

(1) 平时尽量保持室内干爽、通风,避免日光直接曝晒,造成裂隙或翘曲。

(2) 清理时,先以掸子或干布拭去灰尘,再用湿布拭净,不可以水直接冲洗。

(3) 避免将太湿的布或烫热的容器,直接置于木器上,应先垫上垫子为宜。

(4) 避免木器表层受到刮伤。

(5) 使用清洁剂,要依照标签指示,避免受到不明化学药品伤害。

(6) 地板可不定时上蜡,以延长使用寿命。

2) 金属桌、椅、柜、厨具、门、窗等,具坚固、耐用等多元化功能,保养方法为:

(1) 一般铁器,最忌生锈,须做好防锈处理,如上防锈漆;使用时更要避免刮伤或碰伤表层漆膜,如有掉落应随时补上。

(2) 电镀制品应避免日光直晒,以免变色或褪色,宜注意放置并常清理、保养。

(3) 铁质器械要常加机油润滑,如电扇、马达、缝纫机等。

(4) 宜注意平日清理,除不锈钢制品外,均应避免以钢刷或棕刷用力刷洗。

(5) 避免化学药品或清洁剂对铁质家具造成永久的伤害。

3) 织物如窗帘、椅套、地毯、椅垫,花色繁多、质感柔软、温和舒适,保养方法为:

(1) 窗帘每三个月用肥皂水清洗一次,或送洗衣店处理。

(2) 印花布避免用漂白水清洗,以免褪色。

(3) 地毯至少每周用吸尘器清洁一次,每年清洗一次。

(4) 不慎打翻液体沾湿时,应立刻以卫生纸吸干,再用清洁剂除去,沾染部分,为防止变色,可在该部位上沾上少许醋。

4) 真皮沙发稳重、气派,保养方法为:

(1) 以湿布拭去灰尘,再以干布擦干,最后再用皮革保养油保养。

(2) 避免日晒、潮湿及小孩在沙发上跳跃。

5) 藤质家具,质坚、富韧性、造型多样,呈现自然的田园风格。

保养容易,只要常以湿布擦拭,日久如新,不必再用任何清洁剂、保养品。

6) 塑料衣橱、置物柜、鞋架,轻巧、耐湿、易组合。

(1) 容易保养,可以湿布擦拭,或水洗即可保持清洁。

(2) 避免存放重的物品,以免变形。

四、视觉守护神——照明

良好合宜的照明,除了可保护视觉,使起居舒适外,并可予人情绪安定、鼓舞的作用。同时,灯光亦关系着室内气氛的营造效果,因此,我们需对灯具的照明方式、照明效果与各活动空间的照明原则有所认识。

1. 灯具的照明方式

1) 一般照明:通常装于天花板上,使照明范围内均能得到均匀的照度。

2) 局部照明:仅针对目的物作照射,如壁橱内的投射灯,或客厅内使用的阅读灯。

3) 一般照明与局部照明并用:为减低工作环境明暗过于强烈的对比,除了工作地点采用局部照明外,也使用一般照明柔和室内光线,也需有辅助照明,不可为省电而关掉主灯,造成视觉伤害。

2. 照明形态

室内照明依灯具的种类及安装方法不同,可分为下列五种形态。

照明形态	光质与效果	灯具举例
直接照射	光量大,有强烈眩光及阴影	灯罩只有下端开口的吸顶灯、吊灯、台灯
半直接照明	光量仍大,有强烈眩光及阴影	灯罩开口较大,上端开口较小的吊灯、台灯
扩散照明	光量略低,眩光、阴影较不强烈	有乳白散光球罩的顶灯、吊灯、台灯
半间接照明	光量较低,眩光、阴影较弱	灯罩上端开口大,下端开口小的壁灯、吊灯
间接照明	光量弱,光线柔和,无眩光	灯罩只有上端开口的壁灯、落地灯、吊灯

3. 各个空间的照明设计

照明形态	适合空间
直接照明	客厅、餐厅、饰品投射、厨房
半直接照明	楼梯或楼梯间、厨房
扩散照明	餐厅、卧房、浴室
半间接照明	卧室、玄关
间接照明	卧室或客厅的墙壁、盆栽

1) 玄关

玄关为住宅给人的第一印象,也是进出室内外的转换地,因此灯光宜柔和,不可太强烈,可选择半间接照明。

2) 客厅

灯光不可只集中于主灯(直接照明),举凡盆栽或墙上饰品,皆可有隐

藏式灯光照射(间接照明),以营造各种不同的客厅气氛。但应注意灯光不可反射到电视画面上,以免影响视觉。

3) 餐厅

餐厅灯光需有能促进食欲的气氛,所以灯光宜柔和、浪漫,可选择直接照明。

4) 卧室

卧室是休息场所,灯光以柔和为主,光源若有强弱调节设计更为理想,开关宜在床上伸手可及处,以直接照明作为主灯,间接照明为壁灯。梳妆台上灯光宜明亮,且避免使用日光灯;衣橱则可采用随门开关的电灯。

5) 浴室

为了安全,灯具应采用塑料或玻璃制品,且密封安装,否则金属制品易受水蒸气腐蚀。光线不宜太强,避免半夜如厕,倏地走入强光中,造成眼睛不适,可使用有灯罩的扩散照射来照明。

6) 楼梯或楼梯间

光线宜充足,以避免危险,灯具可采用美观而半直接照射的壁灯。

7) 厨房

不可只靠排油烟机的照明,应于水槽、工作台上装设日光灯,以获取充足的光线,可使用直接照明。

五、画龙点睛——装饰品

在室内环境之中,装饰品是属于表达精神特质的媒介。从表面上看,它的主要作用是在加强室内空间的视觉效果;但在实质上,它的最大功效是在增进生活环境的质量和性灵意识。为了求取生活空间的优雅美感和卓越格调,装饰品的选择和陈列变成室内设计和布置中极端重要的工作。然而,由于装饰品的范围非常广泛,式样更为复杂,如果缺乏足够的装饰知识、充分的构思能力和适度的展示技巧的话,实难以将风格的搭配、形式的安排和整体的陈列等工作做到恰到好处的地步。而且,室内装饰品的陈列不能长期一成不变,以招致厌腻和枯燥的感觉;相反的,必须时时刻意求变,处处匠心求工,使室内永远保持新鲜动人的情调,并且充分发挥调剂生活和涵养心性的奥妙作用。

装饰品的选择,除了必须充分把握个性的原则,以加强室内的精神质量以外,必须同时兼顾下列两个基本因素:

1. 装饰品的风格

装饰品的风格不外乎依循两种主要的途径:选择与室内风格统一的装饰品;抑或是选择与室内风格对比的装饰品。装饰品的风格若与室内风格统一,它可以在融洽之中求取适度的加强效果;相反的,如果采用对比的手法,它可以在对照之中收到生动的趣味强调效果。

2. 装饰品的形式

装饰品本身的造型、色彩和材质表现是选择时必须更加重视的条件。尤其是现代室内设计日趋于单纯简洁,摆设品的形式也相对地日渐重要。从造型的角度来说,它虽然必须讲求与室内风格的统一,可是更需要重视它的强调效果。

3. 装饰品的色彩

在色彩方面,装饰品的色彩经常居于整个室内色彩计划的"强调色"的位置。除非室内色彩已经相当丰富,或者室内空间过于狭小,摆设品多数采用较为强烈的对比色彩;即使装饰品本身的价值和意义特别珍贵,或者造型特别优美,也应该避免使用单调沉闷的色彩。然而,装饰品的色彩强调,绝不能缺乏和谐的基础;如果色彩过分突出,必会产生牵强生硬的感觉。

■ 第三节 绿化美化我的家

一、室内植物之养护

植物原是生长在大自然中,但是为了让植物多彩多姿的生命美化我们的生活环境,聪明的人们就将它们引进室内。不过室内的生活条件毕竟不同于户外,所以当我们选择以室内植物美化生活环境时,应仔细考虑日后的养护工作。

想要让自己所种植的植物枝叶茂盛、生机盎然,就不能疏忽植物所必需的生长条件,例如水分、日照、温度、介质与肥料,均应依植物不同的特性而做适度的调整,才能使单纯的拥有转变成具有"绿手指"魔力的快乐园丁。

1. 水分

对任何生物而言,水是非常重要的,它是光合作用所必备的要件,然而室内植物都是盆栽,其需水量因盆的种类大小及季节、环境、栽培介质而不同。如种在瓦盆、泥盆内的植物比种在塑料盆内的植物需水量多;小盆比大盆容易失去水分,所以比大盆需水量多;在温度高、光线强时,植物需水量多;同一植物夏天比冬天需水量多;干燥的环境比潮湿的环境需水量多。

浇水分量——是指每次的浇水,均要多到从盆底渗出为止。

浇水时刻——手指深入花土中 1.5 厘米深,如摸起来是干的就需浇水。

浇水用具——长嘴喷壶。

2. 日照

日照是植物制造养分的重要条件之一,适当的日照可使花卉盛开,叶片更有光泽,但不同的植物所需的日照强度有所不同,大约可分为以下三类：

日照程度	日照情形	适合植物
强日照	可直射阳光，夏季采用半日照。不适于在室内栽培	椰子类、仙人掌、常春藤、鹅掌藤、芦荟等
半日照	整年放在室内亮光可照到处。这类植物可先在遮阴下栽培一段时间，使其适应低光环境，而成为良好的室内植物	吊兰、武竹、观音竹、海棠、椒草、万年青、黄金葛等
弱日照	可放在室内光线较弱处，如浴室、玄关等，为理想之室内植物	白鹤芋、袖珍椰子、羊齿类、银线蕨等

但要注意放在室内一段时间的植物，还需常常再接受自然界的光线，才能使其维持更久的观赏价值。但切不可将一直放在室内的植物突然移到室外强烈的强光下，必须先放在屋檐下或树荫下，使其慢慢接受光线，再进一步接受较强的光线。

3. 温度

植物所进行的种种生理反应及生长过程，都与温度有密切的关系，这些生理反应包括呼吸作用、光合作用及一切的代谢反应。植物生长所需的适温依种类及品种而不同，大部分的室内植物都原产于热带或亚热带，其最适合的温度是20℃～32℃左右。在15℃以下、35℃以上，生长机会就会降低，5℃生长就会停止，0℃以下植物就会枯死。

生长在热带与亚热带的植物，性喜高温、潮湿，最适宜的温度在18℃～21℃左右，所以在四季中，春、夏期间长得较好，冬季即减缓生长速度，甚至进入休眠期，待来春时，再发芽成长。冬季寒流来袭时，气温骤降，要注意此类植物的防寒措施。

寒流来时移入室内，使其隔绝冷空气；天暖时移置太阳下，为植物穿上防寒衣。

4. 介质

室内植物都是盆栽植物,必须在有限的空间,用有限的栽培介质生长,并且保持均衡而优雅的姿态,栽培介质就是达到这种要求的基本条件。理想的介质最好具备通风良好、保水力强、能供给养分、不易滋生病源体等优点。

圆粒——蛭石、真珠石、炼钢煤渣。

单粒——水苔、泥炭、培养土。

堆肥及有机质——干粪肥、腐叶土。

5. 肥料

花盆内容纳的培养土受空间的限制,其所储存的肥力只能供植物短时间的消耗,故植物生长期间要适时、适量地补充肥料,以提供充足的养分,植物生长需要各种养分,除了天然供给的氧、二氧化碳和水外,还有生长过程中可能产生不足的氮、磷、钾三要素。在各个花市或园艺店极易买到各种不同配方的肥料。购买后,应详细阅读说明书,并依其指示使用。

植物的正确施肥时间:生长期需要肥料(除浇水外,尚需其他肥料);非生长期停止施肥(除浇水外,不需添加其他肥料)。

基肥、追肥、叶面施肥法:基肥,在播种时即把肥料埋入土中;追肥,在植物成长时,才施于根部周围;叶面施肥,将液体肥料直接喷洒于叶片上。

6. 室内植物的种类

每一种植物都有它特殊的需求,各个种类的栽培管理请参阅各盆栽的栽培管理说明。

ℓ 室内观叶植物

所谓室内观叶植物就是适合室内栽培的植物。这类植物在室内环境下,若能依照所需生长条件来栽培,就能长久生存,全年可观赏。大多数的室内观叶植物在不受霜害的原则下,冬季时可放置在没有暖气的房间内过冬,只有部分种类在冬季须置于温度较低的房间内越冬。大多数的室内观叶植物为常绿性植物,少数的观叶植物会随着植物年龄的增长,外观逐渐失去观赏价值。全年生长的观叶植物有棕榈类、虎尾兰、常春藤属、粗肋草、印度胶榕、龟背芋、大叶秋海棠、文竹、波士顿蕨、吊竹草、龙舌兰、椒草属、彩叶草属、朱蕉、红边竹蕉、水竹草、黛粉叶、挂兰、绿萝、垂榕、八角金盘、鹅掌藤等,都能为整体景观添加丰富的色彩。栽培室内观叶植物一般原则是叶色全绿、大型且具光泽的植物,通常能适应室内不同的环境;而叶片具有光泽的品种,浇水次数不可太过频繁。

ℓ 室内开花植物

室内开花植物在室内环境下,若能依照生长条件所需来栽培,就能长久生存。这类植物除了在花期可观赏花之外,叶片虽然不是特别漂亮,仍可当观叶植物来摆设。全年可观赏。部分种类亦须在低温下越冬;有少数的种类在夏季时,要移至室外栽培一段时间后,再搬入室内摆设。如天堂鸟蕉、非洲槿、黄栀子、夹竹桃、茉莉花等。全年观赏的植物如单药花、观赏凤梨、金脉木、海桐、凤仙花、番茉莉、小虾花等。你还可依照开花季节来选择适当的开花植物,如冬季长寿花及何氏凤仙花、春季白鹤芋及火鹤花、夏季木槿及吊钟花、秋季单药及夹竹桃。栽培室内开花植物的原则不多,但所有的品种对光线的需求都要比观叶植物来得多。

ℓ 盆栽花卉

盆栽花卉不能像室内开花植物一样长久观赏,只能季节性观赏,于开花期间暂时摆进室内,一旦花谢了,它们的观赏寿命也就宣告结束;这时植株如何处理,就要视植物的种类而采取不同的方式了。大多数的盆栽花卉在开花后即被丢弃,有部分种类则可移至花园或低温温室中继续培育,以待来年再开花;球根花卉则挖取种球贮藏到来年,在适当的季节重

新种植。尽管观赏寿命较短是盆栽花卉的缺点，但比切花的观赏寿命还是要长许多，因此不减它受欢迎的程度。如倒挂金钟、圣诞红、杜鹃花、大岩桐、瓜叶菊、菊花、风信子、番红花、郁金香、水仙花、矮生玫瑰及观果的茄属及辣椒属等均是受人们喜爱的盆栽花卉。管理容易，通常需要较好的光线、凉爽的空气以及潮湿的栽培介质。而温暖的空气是盆栽花卉最大的敌人。

二、室内空间绿化

室内植物除了其特有的形态、大小、色彩、质感来美化室内空间外，还有一些实用的功用，因此在选用盆栽植物来装饰室内环境时，应把握植物的功用特性，为屋内的各个角落选择适宜的盆栽，才能有效地发挥植物美化空间的效果。

1. 玄关

以观赏植物为主，选择风格独特者，如棕榈竹、椰子类等；盘壁式或下垂的蔓藤类等，如常春藤。

2. 客厅

装饰性强，且能衬出客厅的稳重、温馨气氛的植物有耐高温潮湿的黄金葛，叶色高贵的仙客来、菠萝花或彩叶芋。客厅较大时，可放大型的椰子类、鹅掌藤、马拉巴栗等。

3. 餐厅

以素色盆栽为主，餐桌或矮柜上可选用轻巧、可爱的大岩桐或非洲槿，角落则摆放巴西铁树、马拉巴栗以营造一个令人赏心悦目的小天地。

4. 厨房

小型开花式盆栽或盘壁式盆栽，如大岩桐、常春藤、黄金葛，放在窗台或橱柜上，可增加厨房清爽洁净的感觉；角落处也可放盆栽，如变叶木、马拉巴栗等。

5. 卧室

中小型盆栽如吊兰、非洲堇、仙人掌等,适合强调浪漫温馨、细致柔和的卧室气氛;也可用玻璃器皿盛水蓄养黄金葛等蔓生植物,能带给卧室柔美的情趣。

6. 浴室

浴室具潮湿、温暖的特性,可选用蕨类或无土栽培式盆栽,如在浴缸旁摆放万年青,或悬吊式的波士顿蕨。

7. 阳台

可做盆栽花坛或花器,栽种需要日照的植物。在天花板上加挂钩就可采用悬吊式的吊兰或椒草,而种植蔓生性的九重葛,则可形成一道红花绿叶的帘幕。

三、为花草筑一个家

家中有了盆栽,可为我们的生活空间增添不少生活情趣,如能再加上主人的巧思营造,为植物布置一个创意的家,将更能增加它的独特风味。制作室内吊盆花费有限,甚至自己动手不必花钱。容器方面可废物利用,废弃的空罐、竹篮、铁丝篮、塑料盆或木桶等,外边套以美丽的布纹或动手彩绘,加上铁丝、链条或绳索供以悬挂即成。

■ 第四节　保洁技巧

"保洁"一词源自英文"House Keeping",简称"HK"。保洁的意思就是"保持清洁"。在现代社会里,保洁已经越来越被大家接受和需要,并已经进入千家万户的生活中,是人们提升现代生活质量的一个里程碑。它使人们的居住环境质量不断提高。

一、搬家后的保洁技巧

搬家时一定要注意保护好贵重物品和家具,家具主要包括沙发、书柜、衣柜、床、钢琴、餐桌、椅子等,这些都属于大件物品,搬家时也是最难搬的,通常需要2~4人才能搬运,同时也是最易磕碰、最易脏的。如何避免磕碰、避免脏的问题,下面告诉大家几个技巧:

(1) 用蛋清擦拭弄脏了的真皮沙发。可用一块干净的绒布蘸些蛋清擦拭,既可去除污迹,又能使皮面光亮如初。

(2) 用牙膏擦拭冰箱外壳。冰箱外壳的一般污垢,可用软布蘸少许牙膏慢慢擦拭。如果污迹较顽固,可多挤一些牙膏再用布反复擦拭,冰箱即会恢复光洁。因为牙膏中含有研磨剂,去污力非常强。

(3) 蘸牛奶擦木质家具。取一块干净的抹布在过期不能饮用的牛奶里浸一下,然后用此抹布擦抹桌子、柜子等木质家具,去污效果非常好,然后再用清水擦一遍。油漆过的家具沾染了灰尘,可用湿纱布包裹的茶叶渣去擦,或用冷茶水擦洗,会更加光洁明亮。

(4) 白萝卜擦料理台。切开的白萝卜搭配清洁剂擦洗厨房台面,将会产生意想不到的清洁效果,也可以用切片的小黄瓜和胡萝卜代替,不过,白萝卜的效果最佳。

(5) 酒精清洗毛绒沙发。毛绒布料的沙发可用毛刷蘸少许稀释的酒精扫刷一遍,再用电吹风吹干;如遇上果汁污渍,用1茶匙苏打粉与清水调匀,再用布蘸上擦抹,污渍便会减少。

(6) 苹果核去油污。厨房里的水池常常有一层油污,碰巧刚吃完苹果就可用果核将油垢擦洗掉,这是因为果核中含有果胶,而果胶则具有去除油垢的作用。

(7) 用盐去地毯上的汤汁。有小孩的家庭,地毯上常常滴有汤汁,千万不能用湿布去擦。应先用洁净的干布或手巾吸干水分,然后在污渍处撒些食盐,待盐面渗入吸收后,用吸尘器将盐吸走,再用刷子整平地毯即可。

（8）冰块去除口香糖。有些孩子喜欢吃口香糖,不小心会弄到地毯上。粘在地毯上的口香糖很不容易取下来,可把冰块装在塑料袋中,覆盖在口香糖上,约 30 分钟后,手压上去感觉硬了,取下冰块,用刷子就可刷下。

（9）巧用保鲜膜。这是一则懒人小妙方。在厨房临近灶上的墙面上张贴保鲜膜。由于保鲜膜容易附着的特点,加上呈透明状,肉眼不易察觉,数星期后待保鲜膜上沾满油污,只需轻轻将保鲜膜撕下,重新再铺上一层即可,丝毫不费力。对于平日忙碌的主妇们,倒不失为一个方便省力的好方法。

（10）原木家具光洁法。原木家具可用水质蜡直接喷在家具表面,再用柔软干布抹干,家具便会光洁明亮。如果发现表面有刮痕,可先涂上鱼肝油,待一天后用湿布擦拭。此外,用浓的盐水擦拭,可防止木质朽坏,延长家具的寿命。

二、如何擦玻璃

擦玻璃是家庭保洁中一项重大的工作,那么关于擦玻璃有哪些方面要注意的呢?

方法一:沾染尘垢的玻璃,可用旧布蘸些温热的醋擦抹,容易擦干净使其发亮。玻璃上有了污秽油垢,可用少许醋和盐混合洗刷。用洋葱片擦拭玻璃,能令其明亮耀眼。

玻璃制品用久后会产生污秽,可用适量小苏打放一点水用布洗擦干净。往玻璃上滴几滴煤油,然后用布或棉花擦,不但玻璃光亮无比,而且能防止雨天水渍。用废报纸蘸水擦玻璃,然后再用干报纸擦,可使玻璃洁净。将石膏粉蘸水涂在玻璃上,干后用软干布擦,玻璃就能十分明亮。玻璃上的胶带渍,可先用小刀刮下胶带,再用松节油擦。

方法二:买一把新的弯头塑料卫生刷,拎一小桶清水将刷子浸湿后,直接擦洗玻璃。由于塑料卫生刷清除力强,玻璃朝外一面的灰尘一刷即掉,再加上刷子有一定的长度,能很方便地洗净玻璃。如果玻璃脏得太厉害,可以在水中放些洗涤剂。此法特别适合冬天使用。

先用湿布擦一下玻璃,然后再用干净的湿布蘸一点白酒,稍用力在玻璃上擦一遍。擦过后,玻璃既干净又明亮。

你只要用一勺洗发水兑少许清水或用过的洗发水,用布蘸湿抹窗一遍,然后用干布或纸再将窗抹干,这样窗户就会变得又亮丽又干净。

(1) 窗上玻璃或玻璃镜有陈迹和油污时,可用布或棉花滴上少许煤油或白酒,轻轻擦拭,就会光洁明亮。

(2) 镀有金边的镜框、相框或玻璃有污垢,可用毛巾蘸剩啤酒擦拭,能除去污垢,使其洁净光亮。

(3) 玻璃、镜子上沾了油漆、尘垢,用醋很容易擦净。

(4) 用软布或软纸,在加有酒精或白酒的水里浸湿后把镜子先擦一遍,再用干净布蘸些粉笔末再擦一遍就非常干净了。

(5) 擦洗玻璃时,先涂上粉笔灰水或石膏粉水,干后再用干布擦,既易擦去污垢,又易擦亮。

(6) 在水里放些蓝靛,会增加玻璃的光泽。

(7) 先用湿布把尘土抹去,再把废报纸搓成团在玻璃上擦,报纸的油墨能很快把玻璃擦净。

(8) 玻璃上有大面积油污,先用废汽油擦洗,再用洗衣粉或去污粉擦洗,然后用清水冲洗即可。

(9) 玻璃板或镜子上有蜡的痕迹,可用加有几滴氨水的热肥皂水擦洗。注意别让水渗入镜子的背面,否则会侵蚀背面漆,继而破坏反射层。

(10) 用洋葱片擦玻璃窗,不但能去掉污垢,且特别明亮。

(11) 用残茶擦洗镜子、玻璃等,去污好。

三、门的保洁技巧

门、窗是室内墙面的一个重要组成部分,从保洁角度来讲,门、窗与墙面一样是人们首先感应的部分,具有直观性、标志性的特征。为了确保门、窗的保洁质量和效果,保洁时必须针对这些门、窗的特点,采用不同的保洁方法和使用不同的保洁材料来进行保洁。近年来,由于多种原因,门、窗的使用功能得到了进一步的强化。其结果是增加了门、窗保洁的复杂性,如各种材质和式样的防盗门、推窗、平移窗和双层保温隔音窗等。

1. 平板面(凹凸面)防盗门

(1) 日常保洁。应按从上到下、先框后门的操作顺序保洁。可先用抹布擦拭门框、门顶端,再用掸子掸去门框、门表面的浮尘,再换清洁抹布擦拭门框和门的其他部位(因门框、门顶端的位置系平面,较易积尘,故擦拭过门框和门顶端的抹布不能再擦拭门的其他部位,以防止交叉污染)。如居住区域尘埃较多,宜用拧干的湿抹布擦拭。保洁门时应注意不要留下保洁死角,如猫眼(探视孔)、门框、门的顶端、门的凹凸面、门铰链、门拉手和锁具等。

(2) 定期保洁。各类平板面(凹凸面)防盗门定期保洁的周期一般为20~30天。可用按1∶6稀释的酸性清洁剂水溶液,用抹布蘸取后擦洗门,再用拧干的清洁抹布洗净,最后用干抹布将门擦干。不锈钢平板面(凹凸面)防盗门定期保洁,也可以使用不锈钢光亮剂。方法是,倒少许不锈钢光亮剂于干净的抹布上,擦拭不锈钢门,无须用清水过洗即光洁如新。铜质平板面(凹凸面)防盗门则可使用省铜水(呈糊状,用于纯铜制品表面除铜绿、去污和上光),但镀铜的防盗门不能使用省铜水保洁,以免镀铜层氧化。

2. 花式防盗门

(1) 日常保洁。先用抹布擦拭门框、门顶端,再用掸子掸去门表面的

家政进家庭
jiazheng jin jiating

浮尘,最后再换抹布将门擦拭干净。

(2)定期保洁。各类花式防盗门定期保洁周期为20～30天。花式防盗门各类金属材质部分的定期保洁方法可参照平板面(凹凸面)防盗门的定期保洁方法。花式防盗门的纱网材质部分可用1:50稀释的多功能清洁剂水溶液,用抹布蘸取来擦拭,最后用拧干的清洁抹布过洗干净、擦干即可。操作程序上应注意,门框与门的其他部位应同步进行保洁,以免交叉污染。

3. 子母防盗门

应按照先母门、后子门的保洁操作程序进行。但最后一道保洁程序宜同步进行,以免交叉污染。其他保洁可参照上述二类防盗门的方法。

4. 室内移门

一般为木质材料,且多镶有玻璃装饰,以增加美感和透光度。室内移门一般安装在厨房和卫生间。由于沐浴时卫生间会产生水蒸气,而烹饪时厨房则会产生油烟气体,因此这些部位的移门所受污染较重。

(1)日常保洁。可用1:100稀释的全能清洁剂水溶液,用干抹布蘸取来擦拭,移门上的装饰玻璃也应同时擦拭,然后用清洁抹布过洗干净,最后用抹布擦干即可。移门的滑槽、装饰门套(门框)也可用上述方法进行保洁。室内移门的日常保洁程序为:如果移门滑槽在顶端,则应先保洁滑槽,再保洁门套(门框),后保洁移门。

最后,保洁移门应注意,不要留下保洁死角,如门套(门框)、移门的顶端及滑槽,特别是底部的滑槽内不得留有垃圾,可用吸尘器清除其中的垃圾和尘埃。

(2)定期保洁。室内移门定期保洁周期一般为20～30天。用吸尘器吸除移门滑槽及隐蔽槽内的尘埃;用1:50左右的清洁剂水溶液擦拭门套(门框)、移门、滑槽;移门装饰的保洁方法参照窗玻璃的定期保洁方

26 >>

法。移门定期保洁的操作程序是,先进行滑槽和隐藏槽的吸尘保洁,再进行移门装饰玻璃的保洁,最后是门套(门框)、移门和滑槽的保洁。注意保洁时不要造成交叉污染。

5. 室内折叠门

应按先主门(承重门)、后副门(非承重门)的操作顺序保洁。具体操作方法可参照居室内门的保洁。注意,不要留下保洁死角如折叠门的顶端、折叠门的铰链等部位。

6. 居室内的装饰门

居室内的装饰门一般为木质推、拉式门。由于它在室内空间处于垂直状态,又不易受到水蒸气、油烟的污染,故保洁并不复杂。但居室内的装饰门给人的视觉效果是最直接的,它的清洁与否关系到整个居室的保洁效果,这一点应引起保洁员工的高度重视。

(1)日常保洁。用拧干的清洁抹布依次擦拭门套(门框)顶端、门铰链、门顶端、门表面和门拉手(锁具),抹布应及时过洗干净,以免交叉污染;再用干抹布将这些部分依次擦干即可。

如发现门套(门框)、门上有不易除去的污渍,可先用抹布蘸少许按1:50稀释的全能清洁剂水溶液擦除污渍,再用拧干的清洁抹布过洗干净,最后用干抹布擦干。

(2)定期保洁。居室内的装饰门定期保洁周期一般为20～30天。居室内装饰门的定期保洁最好使用喷罐装家具保洁蜡,因其含有较多的硅油和浓缩的乳蜡,故对物品的清洁、上光、保护可一次完成,使用十分方便,且能产生较好的视觉效果。操作方法是,将少许家具保洁蜡直接喷洒在干抹布上,依次擦拭门套、门铰链(不能有油渍,如有油渍应放最后擦拭)、门、门拉手(锁具),如要增强保洁效果,可重复操作一次。保洁后无须用清水过洗。

居室内装饰门的定期保洁也可在日常保洁的基础上,用干抹布蘸一般的木器上光蜡,给门套(门框)和门上光打蜡,但保洁效果明显不如喷罐装家具保洁蜡好。

四、室内天花板保洁技巧

天花板是居室内空间的最高点、顶界面,通常又被称为"平顶"、"天棚"、"吊顶"。天花板一般多为平面,在室内位置又最高,故积尘、污染相对较少,因此保洁难度不大。

但近年来,随着人们生活水平的提高,在房屋居室装潢过程中,出现复式吊顶、花式材料吊顶、嵌入式灯具吊顶等形式,使其保洁难度有所增加,故保洁员工必须针对不同的天花板,采用不同的保洁技巧。

1. 平顶天花板保洁技巧

(1) 日常保洁:平顶天花板的装饰材料不复杂,一般为涂料、油漆或石膏板等装饰材料且都呈平面,日常保洁只要用鸡毛掸子掸除灰尘和蛛网即可。

(2) 定期保洁:平顶天花板定期保洁周期一般为3~6个月。可用静电尘推仰拖除尘,如个别部位污染较严重,可以用干抹布蘸少许按1:40稀释的全能清洁剂水溶液擦拭,然后用拧干的清洁抹布擦净即可。

2. 复式吊顶保洁技巧

复式吊顶的装饰工艺较复杂,吊顶之间往往留有空隙,且吊顶角一般还有工艺灯具。

(1) 日常保洁:可用掸子掸除灰尘和蛛网,必要时还可用干抹布擦拭灯具表面。

(2) 定期保洁:复式吊顶定期保洁周期一般为2~3个月。可用干抹布擦拭复式吊顶及灯具表面,用小功率吸尘器专用吸嘴吸除吊顶隙缝间积尘。对吊顶个别污染较严重的部位、灯具表面,可以用干抹布蘸少许按

1∶40稀释的全能清洁剂水溶液进行擦拭,然后用拧干的清洁抹布擦净即可。

3. 花式材料吊顶保洁技巧

(1)日常保洁:花式吊顶所使用的装饰材料较复杂,由工艺灯具、铜嵌条、铝合金嵌条、不锈钢嵌条、工艺木线条配花式玻璃或其他装饰板组成。日常保洁可用掸子掸除吊顶平面灰尘、蛛网,必要时还可用干抹布擦拭嵌条、花式玻璃和装饰板。

(2)定期保洁:花式材料吊顶定期保洁周期一般为2～3个月。用干抹布擦拭花式材料吊顶表面,对吊顶个别污染较严重的部位,可以用干抹布蘸少许按1∶40稀释的全能清洁剂水溶液擦拭,然后用拧干的清洁抹布擦净,最后用干抹布擦除水迹。还可用不锈钢光亮剂擦拭花式材料吊顶上的不锈钢装饰材料(将少许不锈钢光亮剂倒于棉质抹布上,擦拭不锈钢装饰材料表面,直至光亮),用铝品光亮剂擦拭花式材料吊顶上的铝合金装饰材料(将少许铝品光亮剂倒在干棉质抹布上,擦拭铝合金装饰材料表面,直至光亮),最后须用拧干的清洁抹布擦净。还可用喷罐装家用保洁蜡,如"碧丽珠"等擦拭花式吊顶上的工艺木线条等木质件(喷少许"碧丽珠"于棉质抹布上,擦拭木制件表面,直至光亮)。特别提示:各种天花板保洁时,应尽可能先切断电源,以保证操作者的人身安全,并当心不要损坏灯具;不要遗漏顶角线的保洁,应根据顶角线的不同材质,采用不同的保洁技巧。

五、木地板保洁技巧

居室内铺设木地板后,确实带来了豪华的装饰效果。但是,要使木地板保持光滑整洁和明亮舒适的效果,并滋润木质和有效地防止虫蚁蛀蚀,就应该注意维修和保养。但由于不同的地板制造工艺不尽相同,有天然漆实木地板和油蜡实木地板之分,从而决定了养护方法也不完全一样,另

外污损的程度不同也决定了养护的手法不尽相同。

　　一般来讲,保洁时应保持地板干燥、清洁,避免与大量的水接触,更不允许用碱水、肥皂水擦拭。无论是天然漆实木地板还是油蜡实木地板,在日常清洁时,可先用吸尘器来清除,之后再用软布蘸上专门清洁剂或皂片的稀释液进行清洁。对于大面积的清洁,可用喷雾器或旋转清洁机进行。对于天然漆实木地板,水对它并没有什么好处,清洁时要尽量减少多余的水分,擦洗时一定要将抹布拧干。而油蜡实木地板要除去黑色橡胶的磨痕和其他不能用水清除的污痕可用软布蘸低浓度的酒精或少许白酒擦去。

　　在经过长时间的使用之后,天然漆实木地板或油蜡实木地板都会沾上污迹,只要用钢丝绒打磨就可以除掉。对于污损过于严重的地板,应将实木地板的表面打磨掉,然后重新上漆,但此法应是万不得已的,因为打磨必然会使地板变薄。

　　(1) 天然漆实木地板因很多的积垢而变得难以清洗时,可以用脱脂剂和 25 ℃的温水相混合,在使用脱脂剂前,地板应进行充分的清洁。

　　油蜡实木地板如果出现大面积的污渍,可以用装有干燥的软性抛光垫的打磨机来进行处理,以保持光泽度一致,但必须在地板表面涂轻油蜡4 小时内进行,之后让地板自然风干 16～24 小时。

　　(2) 天然漆实木地板养护时,需在地板清洁干净以后,涂上一层稀释的地板上光剂。如果地板的使用率相对频繁,可适当加大上光剂的浓度。一般情况下起居室可以每月养护一次,而经常出入的厨房、客厅等则需要每周进行保养。

　　油蜡实木地板养护时需将地板完全清理干净并保持干燥,之后在地板表面涂上一薄层轻油蜡,用软布将地板擦亮并将多余的油迹擦掉以避免产生亮斑。涂过轻油蜡的地板不要急着使用,应在晚间自然风干。

1. 木地板专业打蜡法

每隔一段时间打一次蜡。地板打蜡是保护地板的一种措施,能使其延长使用寿命甚至达到美观的效果。可以请专业人员操作打蜡机、抛光机,配合不同面蜡、水蜡、硬蜡,针对木地板、复合木地板、大理石、地砖来完成,达到亮丽、防磨损的效果。

地板打蜡操作程序:

(1) 吸尘:清除地板表面上的附着物及一些黏合剂、胶、水泥、漆点等。

(2) 清洗:用电拖把、桑拿机,除菌、清洗,对地板无损坏。

(3) 上蜡:针对不同的地板,使用不同的蜡均匀涂蜡(环保蜡)。

(4) 抛光:专业人员操作抛光机完成。

2. 木地板家庭打蜡方法

备好面盆两个,毛巾两条,尘推一个,抹布一块,抛光机一台。备好硬地板的底蜡若干瓶,面蜡若干瓶,牵尘剂一瓶。

首先把要打蜡区域进行全面仔细的除尘。事先套上尘推,喷上牵尘剂,静置15~30分钟后方可对地面进行推尘。用抹布把打蜡区域进行再次抹尘,确保地面无任何杂物。

操作员脱鞋,把底蜡倒入一个面盆内,把一条毛巾放入盆内浸透。拧去浸透底蜡毛巾上的底蜡,毛巾不可拧干,确保毛巾水分充分。把湿毛巾摊开一边拉直,把拉直的一边慢慢沿地板表面笔直纵向涂上底蜡,涂底蜡速度不可快,以免出现上蜡后起泡现象,以此类推反复操作。每涂完一个区域再涂下一个区域时要重叠一部分,以避免漏涂现象。在涂底蜡过程中要确保毛巾上的底蜡水分充足。

第一层底蜡涂完后待其完全干透,方可涂上第二层底蜡。涂第二层底蜡时注意要与第一层的涂抹方向呈十字交叉形。

以此类推,第二层底蜡涂完干透后再用干净的另一个面盆装上面蜡,用相同的方法与前两次涂底蜡的方向一样涂抹两次面蜡。

两次底蜡、两次面蜡涂完后在打蜡区域四周放上警示牌。

蜡面干透后用抛光机对打蜡区域进行全面抛光。

3. 注意事项

(1) 天气潮湿,比如梅雨天或雨雾天,地面无法完全干透,影响蜡水和地面的黏合时,不宜打蜡。

(2) 地面没有清洗干净,粉尘和杂质会影响蜡水的黏度。

(3) 注意地板蜡的新鲜度,不可使用过期的板蜡。

(4) 涂蜡时过快容易出现起泡现象。

(5) 地面打蜡后在日常护理中要勤推尘。

(6) 如发现特脏污渍要局部处理,可用万能清洁剂清洗。

(7) 在地面无光洁时要进行定期抛光保养。也可以上漆保养,每隔一年左右刷一层聚酯清漆(UV 漆)或聚氨酯清漆。

(8) 铺设后的油漆地板应尽量减少太阳直晒,以免油漆经紫外线照射过多,提前干裂和老化。

(9) 不要把燃着的烟头或火柴棍随便扔在干净的木地板上,以免烧焦地板表层。同时,切忌热水盆、热饭锅等高温物体直接接触地板。

六、真皮沙发清洗、保养

真皮沙发以其富丽堂皇、豪华气派、结实耐用的特点一直受到人们的喜爱。但是,真皮沙发如何清洗? 真皮沙发怎么保养? 这些令人头疼的问题让不少人感到困扰。其实真皮沙发清洁并不难,真皮沙发保养的知识也不见得多深奥。

在清洁保养真皮沙发之前,首先要弄清家中真皮沙发的类别。真皮沙发其实是个泛称,猪皮、马皮、驴皮、牛皮都可以用作沙发原料。牛皮皮质柔软、厚实,质量最好,马皮、驴皮的皮纹与牛皮相似,但表面皮松弛,时间长了容易剥落,不耐用,所以价格便宜。

真皮沙发清洁方法:①真皮沙发有轻微污垢,可以用"家具保养蜡"直接清洁护理。②真皮沙发污染严重时,不仅失去原有的光泽,而且污垢渗入真皮毛细孔里。要将这些污垢清洗干净,需要用清洗沙发的专用蒸汽机和专用的清洁剂。使用沙发蒸汽机清洗沙发时,先在不显眼处做一个试验,看其皮质是否褪色,如褪色就得用其他方法。③清洗过后,应给沙发上一层防护液,以防止污垢再次渗入皮质毛细孔里造成二次污染。防护液最好用真皮沙发专用液体软性蜡,否则皮质会变硬而迅速老化。

真皮沙发清洁注意事项:不要用水去擦洗真皮沙发,时间长了会使皮质变硬,失去柔软的感觉;也不要随便用清洁剂清洁沙发,一是会使皮质褪色;二是会使皮质变硬。一旦沙发脏了,一定要请专业的家政保洁公司进行清洁保养。

真皮沙发保养方法:①真皮沙发保养的关键在于皮革的呼吸,因此要经常进行清理以保持皮革表面的毛孔不被灰尘堵塞。而且不要经常保持室内通风,过于干燥或者潮湿都会加速皮革的老化。②要避免阳光直射沙发,如客厅常有阳光照射,不妨隔一段时间把几张沙发互调位置以防色差明显;如果湿度较大的地方,可以利用早上8点至10点的弱太阳光照射7天,每天1小时,约3个月做一次。③为了延长使用寿命,应避免孩子在沙发上跳跃玩耍,有汗液之身体不可直接与沙发接触。

基本上,只要按照下面的几点去做,就可以让你家里的真皮沙发永葆青春了:

(1) 真皮沙发要放置在比较平整的地板上,如果铺上地毯或者脚垫是最好不过了。

(2) 平时不要在真皮沙发上跳跃或者直立,这样很容易导致弹簧的

凹陷。

(3) 坐在沙发上的人数尽量不要超过额定的人数,不要坐在扶手上摇晃。

(4) 真皮沙发至少要离墙面5厘米的距离,这样可以有充分的透气空间。

(5) 要避免沙发被阳光直射,因为会很容易造成真皮沙发皮革的老化。

(6) 平时在对真皮沙发保养的时候,只需要用棉质的物品擦去表面的污垢就可以,也可以使用吸尘器吸掉缝隙中的垃圾。

(7) 当我们在沙发上坐得比较久的时候,要用手把真皮沙发的皮质抚平,恢复原状。

(8) 真皮沙发离散热的物体需要有80厘米以上的距离。

(9) 在下雨比较多的天气,要注意给真皮沙发除湿,经常用干布擦拭沙发,当太阳出来的时候,打开窗户给沙发晒一下,但注意时间不要太长。

(10) 每两个月的时间要给沙发使用皮革护理剂护理一下。

(11) 不要使用蜡质的护理剂,因为会堵塞真皮沙发的毛孔。

(12) 注意也不要使用清水给真皮沙发清洗,因为这很容易使沙发皮革膨胀。

七、地毯保洁

定期的保洁可使地毯得到充分的保养,延长地毯的使用寿命。

(一) 地毯按原料分类

1. 羊毛地毯

优点:华贵,柔软,装饰性强,保温效果好,不易产生静电。

缺点:吸潮,易缩水变形,易霉烂,易遭虫蛀,价格昂贵,保养不易。

2. 尼龙地毯

优点:强度优异,耐磨度高,不蛀不霉,遇火熔化但不燃烧,耐碱不耐酸,在地毯用料中是最好的化学纤维材料。

缺点:耐热性差,不耐酸,不抗静电。

3. 涤纶和腈纶

优点:强度高,复原性好,较耐磨,有良好耐腐蚀性,几乎不吸水,不沾污染物,不燃烧。

缺点:耐光性和染色性差,耐热性不强,易收缩。

(二) 地毯的清洁保养

1. 必要的防污防脏的措施

(1) 喷洒专用防污剂。在地毯纤维表面加一层保护层,隔绝污物。

(2) 阻隔污染源。出入口处铺上长毯或者防尘毯,减少或者清除鞋底污物。

(3) 加强服务。针对易污染地毯的物体,采取套塑料袋等保护措施。

2. 地毯清洁的基本程序

1) 准备

(1) 告知大家暂停使用。

(2) 准备好各类洗涤剂和洗涤器具。

(3) 检查洗地毯机、烘干机等能否正常使用。

2) 捡除硬物

认真检查地毯上是否嵌有牙签、针、石子等硬物。

3) 清除地毯污渍

(1) 用刀、匙或刷子等清除固体。

(2) 用纸巾或绵纸吸去液体。

(3) 用干净白布或海绵蘸适当去污剂将污渍洗掉,可以用小刷子从边缘擦起,逐渐向中心缩小。

(4) 洗干净后立即吸干水分。

3. 常见地毯污渍处理方法

1) 泥土

(1) 让泥巴自然干燥。

(2) 然后用刷子轻轻擦拭。

(3) 成碎末后用吸尘器吸除。

2) 口香糖

(1) 用塑胶袋包住冰块,使口香糖遇冷变硬。

(2) 待凝固后用钝刀片刮除或碾碎后用吸尘器吸除。

3) 血渍

(1) 用餐巾纸擦去血渍。

(2) 倒些冷水后用干布吸干。

(3) 待干后再倒些冷水再吸干,如此反复多次。

(4) 干后用刷子刷地毯表面。

4) 油漆、颜料

(1) 用餐巾纸把油漆吸干。

(2) 以树脂油蘸湿布擦拭,再用清水清洗。

(3) 干后用刷子刷地毯表面。

(4) 焦痕用刀片将烧焦部分刮除即可,若较明显则应请专业人员修补。

5) 呕吐物

(1) 先将脏物清除,以免扩散。

(2) 用报废干布吸干水分。

(3) 用冷水清洗后吸干,可加点白醋增加挥发,反复多次,直到没有脏物痕迹与气味为止。

(4) 适当喷洒一点空气清新剂。

(5) 若面积较大,无法立即清除,可请专业人员处理。

6) 橙汁、咖啡、酱油、茶等

(1) 用报废干布或餐巾纸吸干有色液体,尽量控制污染面积。

(2) 用清水清洗后吸干,再度稀释。

(3) 用苏打水配合牙刷清洗。

(4) 再用清水清洗,吸干。

(5) 范围较大可求助专业人员。

7) 碎玻璃

(1) 可先用胶带在碎片部位黏一遍。

(2) 再撒些饭粒,用扫帚清扫。

(3) 然后用吸尘器吸,务必使玻璃碎片全部清除完。

局部污渍去除法

污渍种类	污渍物	去污剂	去 除 方 法
油污类	机械油、鞋油、乳胶漆、油漆、化妆品、颜料、食用油、沥青	乙醇化油、氨水干洗、醋酸	1. 用乙醇或化油剂擦拭脏物处 2. 用干/湿地毯粉轻刮或轻刷污处 3. 若污渍浮现可用醋酸或氨水擦拭 4. 用清水全面冲洗后,再用地毯喷淋吸头将污物吸除
水溶性污渍	血渍、咖啡、可乐、茶渍、尿渍、汤渍、呕吐物	干洗剂、去污剂、氨水、草酸、过氧化氢	1. 用冷水擦拭污迹 2. 用干/湿地毯粉轻刮或轻刷污处 3. 若污渍浮现可用草酸、过氧化氢或氨水擦拭 4. 用清水全面冲洗后,再用地毯喷淋吸头将污物吸除

污渍种类	污渍物	去污剂	去 除 方 法
染料墨汁	药剂、色笔、食物、墨水	乙醇、氨水、草酸	1. 用冷水擦除污迹 2. 用草酸或过氧化氢擦拭 3. 用清水全面冲洗后,再用地毯喷淋吸头将污物吸除
锈渍	铁锈	去锈水	1. 将去锈水涂抹在污渍处 2. 污渍消除后用清水全面冲洗,再用地毯喷淋吸头将污物吸除
口香糖	口香糖	香蕉水、乙醇	1. 用100℃开水倒在口香糖胶上,用餐刀之类的东西刮除 2. 用乙醇或香蕉水擦除胶痕 3. 用清水全面冲洗后,再用地毯喷淋吸头将污物吸除

4. **专业清洗地毯法**

(1) 湿旋法。适合较脏的化纤地毯清洗,已不常用。

(2) 干泡清洗。饭店常用的方法,适合一般地毯清洗。

(3) 喷吸法。对地毯损伤小,但湿度较大,只适合化纤地毯。

(4) 干粉除污法。基本不损伤地毯,适用于轻微污染。

5. **烘吹拨松**

清洗完毕,用大吹风机或者通风自然晾干,一般一个晚上基本可以吹干;第二天用吸尘器拨松吸尘。

6. **吸尘**

地毯吸尘是地毯保养最基本的一项工作,不但必须每天进行,而且每次地毯清洁作业前必须进行吸尘。

(1) 吸尘前检查吸尘器的电源线、插头、开关、外壳是否完好,检查吸尘器的尘袋是否留有尘土、有无损坏,启动吸尘器检查声音是否正常。选择合适的电源连接线和转换插头。

(2) 吸尘时应注意观察地面情况,发现有大块的垃圾、尖利的玻璃、铁屑、铁钉应用手拣拾,防止堵塞进气口或损坏尘袋。

扒头应紧贴地毯前后拉动,每次向旁边移动时应不超过扒头宽度的三分之二,以防止留下空隙。

(3) 吸尘结束后应进行检查,看看是否留有死角、对吸尘后地毯的清洁程度是否满意,必要时应对局部地毯进行重点吸尘,其方法是取下扒头,直接用进气软管上的扒头接口对局部较脏的地方进行吸尘。吸尘作业完成后,应逐一收好使用的物品,防止遗失。

(4) 每天完成当日的吸尘工作后,应再次检查吸尘器,清洁尘袋,擦拭吸尘器的内外部分,将电线按要求盘好后入库保存。切记吸尘工作做得越好,清洗地毯的次数就越少。

7. 保养地毯的小窍门

地毯是家庭装饰、美化空间环境的装饰材料。地毯色彩多样,质地柔软,行走舒适,被广泛应用。地毯使用时,要求每天用吸尘器清洁一次,这样就能保持地毯干净。那么如何保养地毯呢?

(1) 地毯在使用期间必须每天吸尘,不然黑灰积存太久会渗入地毯下层,减少地毯的使用年限。日常使用刷吸法。滚动的刷子不但梳理地毯,而且还能刷起浮尘和黏附性的尘垢。所以清洁效果比单纯吸尘要好。

(2) 每天要注意地毯上的污点,一发现便要对症下药立即清除,新的污渍最易去除,若待污渍干燥或渗入地毯深部,对地毯会产生长期的损害。

(3) 定期进行中期清洁。行人频繁的地毯,需要配备打泡机,用干泡清洗法定期进行中期清洗,以去除黏性的尘垢。

（4）深层清洗。灰尘一旦在地毯纤维深处沉积，您得送清洗店清洗。

（5）对地毯进行彻底清洗保养可根据地毯的使用情况和脏污程度决定频率。

（6）若清洗大张地毯，为防缩水，可在四周及接缝处用钉子固定。

八、清洗窗帘

ℓ　软百叶窗帘

清洗时先把窗帘关好，在其上喷洒适量清水或擦光剂，用抹布擦干，即可较长时间使之保持清洁光亮。至于窗帘的拉绳处，可用一把柔软的鬃毛刷轻轻擦拭。如果窗帘较脏，则可用抹布蘸些加有洗涤剂的温水清洗。

ℓ　滚轴窗帘

将它拉下成平面，用布擦。滚轴通常是中空的，可用一根细棍，一端系着绒毛伸进去不停地转动，可除去灰尘。

ℓ　天鹅绒窗帘

应把窗帘浸泡在中碱性清洁剂中，用手轻压，洗净后放在斜式架子上，使水分自动滴干，就会光洁如新。

ℓ　帆布和布或麻制成的窗帘

用海绵蘸些温水或肥皂溶液，氨水溶液混合的液体进行擦抹，待晾干后卷起来即可，此法省时省力。

ℓ　静电植绒布窗帘

这种窗帘切不可泡在水中揉洗或刷洗，只需用棉纱头蘸上酒精或汽油轻轻擦拭就行了。如果绒布过湿，切忌用力拧绞，以免绒毛掉落，影响美观。可用双手压去水分或让其自然晾干，可保持植绒原来的面目。

ℓ　奥地利式花边窗帘

清洗时先要用衣物吸尘器吸除灰尘，然后用一把柔软的羽毛刷轻轻扫过,但一定要小心,别将装饰花边弄破或弄歪斜了。普通布料做成的窗帘可用湿布擦抹,或按常规放在清水中或洗衣机中洗涤。

九、橱柜保洁

当看到漂漂亮亮的橱柜在使用了一段时间后变得"面目全非"时,你还有下厨的好心情吗? 下面是一些橱柜日常保养和清洁的小常识,供大家借鉴。

1. 台面

保养:无论哪种材质都怕高温侵蚀,使用中应当注意避免热锅、热水壶直接与橱柜接触,最好置于锅架上;操作中应尽量避免用尖锐的物品触击台面、门板,以免产生划痕。应在砧板上切菜、料理食物,除了可以避免留下刀痕之外,还更容易做清洁卫生;化学物质对很多材质的台面有侵蚀作用,例如,不锈钢台面沾到盐就有可能生锈,因此平时还应注意避免将酱油瓶等物品直接放在台面上;人造板材橱柜应避免水渍长时间滞留在台面上。

清洁:橱柜台面有人造石、防火板、不锈钢、天然石、原木等材质,不同的材质有不同的清洁方法。

人造石和不锈钢材质的橱柜切忌用硬质百洁布、钢丝球、化学制剂擦拭或钢刷磨洗,要用软毛巾、软百洁布带水擦拭或用光亮剂擦拭,否则就会造成刮痕或侵蚀;防火板材质的橱柜可使用家用清洁剂,用尼龙刷或尼龙球擦拭,再用湿热布巾擦拭;天然石台面宜用软百洁布,不能用甲苯类清洁剂擦,否则难以清除花白斑。如果橱柜是原木材质的,应先用掸子把灰尘清除干净,再以干布或用原木保养专用乳液来擦拭,切勿使用湿抹布及油类清洁品。

2. 门板

门板的材质和台面差不多,因此它的保养和清洁也和台面大同小异。

保养:避免台面上的水流下来浸泡到门板,否则时间长了门板会变形;门板合页及拉手出现松动及异响时,应及时调校或通知厂家维修;实木门板可使用家具水蜡清洁保养。

清洁:油漆类门板不可用可溶性清洁剂;所有苯类溶剂和树脂类溶剂不宜做面板清洁剂。

3. 柜体

保养:吊柜的承载力一般不如下柜,所以吊柜内适合放置比较轻的物品,调味罐及玻璃杯等重物最好放在下柜里;器皿应该清洗干净后再放入柜中,特别要注意的是要把器皿擦拭干;橱柜中的五金件用干布擦拭,避免水滴留在其表面造成水痕;料理台的水槽可以事先用细丝兜住内部滤盒,防止菜屑及细小残渣堵住水管。

清洁:每次清洗水槽时,要记得把滤盒后的管部颈端一并清洗,以免长期堆积的油垢愈积愈多;如果油垢长期堆积在水槽管道内不易洗净,那么试试在水槽内倒一些厨房去油渍的清洁剂,用热水冲后,再以冷水冲洗。

十、浴室清洁

由于浴室是每天都必须使用的场所,因此,如果稍不注意,在温度、湿度较高的环境下,便容易孳生细菌,危害家人的健康。如果浴室有窗户,最好能时常打开,让空气流通,此外,干湿分离的概念也是要进一步推广的。浴室大扫除时,如何才能轻松打理? 提供下列几点清扫秘诀。

1. 马桶

马桶因容易沾染尿渍、粪便等污物,如果平日未加以清洗,就容易形成黄斑污渍,也容易孳生霉菌和细菌。清洗的正确步骤,应先把坐垫掀起,并以洁厕剂喷淋内部,数分钟后,用厕所刷彻底刷洗一遍,再刷洗马桶座和其他缝隙。由于马桶内缘出水口处是较易藏污纳垢的地方,一般喷枪式的马桶洁厕剂无法顺利将清洁剂喷淋在该处,因此,最好使用独特鸭嘴头设计的洁厕剂,才可深入马桶内缘、清除顽垢。至于一般人较易忽略的马桶外侧底座,也应用清洁剂喷淋刷洗一遍,并用水洗干净,最后,用干净的布将其整个擦干,就可以亮白如新了。不过,提醒大家,切勿将不同成分的酸性、中性或碱性清洁剂混合使用,以免因化学变化而发生危险。

2. 浴缸和盥洗盆

由于这两个地方容易残留皂垢,因此,可在上面喷一些瓷砖清洁剂,再用抹布擦洗一遍,就能恢复原有的光洁度。不论是何种材质的浴缸或盥洗盆,最好都不要使用菜瓜布或硬质刷子或去污粉刷洗,以免伤害表面材质。至于莲蓬头和水龙头的清洁方式,如果是使用硬水,时间一久,莲蓬头便容易被水中的石灰垢堵住,因此,最好能将长淋头拆下,用旧牙刷擦拭喷水头,并用粗针从里头清除阻塞物,才能让淋水正常。水龙头的硬水沉积物处理,则以柠檬切面擦拭便能消除。想要让梳妆镜的镜面显现晶亮的效果,以玻璃清洁剂擦拭,不仅可以晶亮无比,还具有防雾、防尘的效果。

3. 瓷砖

由于浴室的湿气较重,若未加留意,在瓷砖间的细缝中,便容易孳生菌斑。此时,最快速有效的解决方式,就是在上面喷一些去霉剂,不必费力刷洗,就可以达到去霉、除垢和杀菌的效果。

4. 浴帘和防滑垫

浴帘和防滑垫使用过一段时间后,难免会有孳生菌斑的情况,此时,可使用去霉剂擦拭,便能去除难看的菌斑。

十一、红木家具的清洁

红木家具若有尘埃,可用掸帚轻掸或用软布擦净。最好选择使用纯棉织品作为抹布,轻巧地拭去表面的浮灰,不要用水直接冲洗,也不要用

太湿的抹布,更要避免用酒精汽油等溶剂擦拭。

对于红木家具上难去除的污渍,可以用醋去污。将白醋和热水混合,用纯棉抹布揩擦家具表面,然后再用一块软布用力揩擦即可去除。一些比较硬的家具上的油墨迹也可以清除。

为了保持大漆漆膜的光亮度,可以把核桃仁碾碎、去皮,再用三层纱布包覆,制成油擦。红木表面上油后,用纱布去油抛光,切忌不要使用化学光亮剂,以免漆膜发黏受损。

十二、家庭清洁完全手册

第一步:清洁

清洁的重点应放在厨房和卫生间。厨房是家中使用最频繁的地方,也是最易藏污纳垢的地方。抽油烟机、煤气炉应首先清洁。平时为避免油渍积存在抽油烟机的缝隙中,可在开关键上覆盖保鲜膜,并不时更换。这样,清洁时只需将保鲜膜拆下即可。清洗涡轮式抽油烟机,可先启动机器,将去污剂喷在扇叶及内壁上,利用机器转动时的离心力把软化的油污甩除,再将内壁拭净。擦拭煤气炉时,应用质地较温和的清洁剂,炉嘴则可用细铁丝刷去除炭化物,然后将出火孔逐一刺通,并用毛刷将污垢清除。浴室中,长时间的潮湿易造成地面、墙面的黑斑及霉点,马桶、浴缸也常积存污垢,这些都需要用特殊配方的清洁剂清洗。客厅和卧房是家中最显节日气氛的场所,清洁的重点是门窗、地毯、地板、沙发、窗帘和家具。需要干洗的,应提前一个星期左右拿到干洗店清洗。

ℓ 家居清洁五大祛味法

(1) 300 克红茶泡两脸盆热茶水,放入居室中,并开窗透气,48 小时内室内甲醛含量将下降 90% 以上,刺激性气味基本消除。

(2) 购买 800 克颗粒状活性炭除甲醛。将活性炭分成 8 份,放入盘碟中,每屋放 2～3 碟,72 小时可基本除尽室内异味。

（3）准备 400 克煤灰，用脸盆分装后放入需除甲醛的室内，一周内可使甲醛含量下降到安全范围内。以上方法同样适用于装修后没有异味的家庭，毕竟有些有害物是无色无味的，多一分清洁，就多一分安全。

（4）把泡过的茶叶，放在冰箱内部，即可达到除臭作用。若是没有茶叶，也可将柠檬或柳丁切开，只要半小块便能达到功效。此外，以蘸有啤酒的抹布擦拭冰箱内部，异味也会无所遁形。

（5）在卫生间里摆放绿色植物，可以达到调节空气、消除异味的功效。最好在窗口养上一盆绿色植物，或者放上花瓶，插三五朵花，可以带来清新怡人的感觉。

这其中，家中的新旧家具由于经历了时间的考验，问题也随之而来，脏污、划痕、开裂甚至变形，会让人看了很不舒服。大问题有厂家保修，小问题自己其实也能搞定。

（1）藤器或竹器制品用久了就会有积垢、变色，可用食盐水擦洗，既可去污，又能使其柔软有韧性。平时用湿手巾擦擦可使其保持清洁。

（2）在贴防火板的茶几上泡茶，久而久之会留下难看的片片污迹。这时，您可以在桌上洒些水，用香烟盒里的锡箔纸来擦拭，再用水擦洗，就能把茶迹洗掉。

（3）热杯盘等直接放在家具漆面上，会留下一圈的烫痕。一般只要用煤油、酒精、花露水或浓茶蘸湿的抹布擦拭即可，或用碘酒在烫痕上轻轻擦抹或涂上一层凡士林油，隔两日再用抹布擦拭烫痕即可消除。

（4）烟火、烟灰或未熄灭的火柴等燃烧物，有时会在家具漆面上留下焦痕。如果只是漆面烧灼，可在牙签上包一层细硬布轻轻擦抹痕迹，然后涂上一层蜡，焦痕即可除去。

（5）家具上的商标擦掉后会留下不干胶的残留物，又黏又脏，可用粗橡皮擦拭效果不错，地板上的口香糖也可用橡皮擦去。

(6) 家中白色桌面、白色椅子很容易弄脏,用抹布不容易擦去脏痕,不妨试着用牙膏挤在干净的抹布上,只需轻轻一擦,家具上的污痕便会去除。用力不要太大,勿伤漆面。

(7) 如果家具漆面擦伤,未触及木质,可用同家具颜色一致的蜡笔或颜料在家具的创面涂抹,覆盖外露的底色,然后用透明的指甲油薄薄地抹一层即可。

(8) 当木质家具或地板出现裂缝时,可先将旧报纸剪碎,加入适量明矾,用清水或米汤将其煮成糊状,然后用小刀将其嵌入裂缝并抹平,干后会十分牢固,再涂以同样颜色的油漆,木器就可以恢复到原来的面目了。

(9) 如果家具背板大面积受潮变形就应更换了,家具一定要四脚垫平,不然受力不均就会变形,推拉式大衣柜门不要轻易加装镜子,镜子过大过重会使柜门下坠压变轨道。

(10) 电器的电镀开关如经常触摸,会失去光泽被汗侵蚀,可经常涂抹凡士林,防止盐分侵蚀。

(11) 平时要定期为皮质、木质家具打蜡,可用碧丽珠等用品,只有平时多保养才能常用常新。

第二步:收拾

收拾是清洁之后的第二项工程。

有经验的家庭主妇,扫除的第一招就是丢杂物。由于爱惜旧物的观念和盲目购物,不少人家里简直成了储物中心,趁着大扫除,将物品分好类,该丢掉的丢掉,该收纳的收纳,才能让有限的空间变得井然有序。为了使储物工作有效率,最好运用不同的储物箱柜来辅助。比如层层相叠的塑料箱子,可放在任何角落,以节省空间,增加使用面积。也可在一些空间如转角、楼梯下方等处装置储物架,在墙角设转角架或活动组装式置物柜架等,这都是充分利用空间的好点子。

第三步:布置

布置家居是除旧布新的最后一项。适当的创意,可让家居有新鲜感。大多数家庭会重新粉刷墙壁或更换壁纸来改变家居氛围。决定粉刷墙壁前,须先选定颜色,暖色调使居室备感温馨,冷色系则给人以清新自然的感觉。如果一时无法确定颜色,那么白色将永远是最安全的色彩。此外,在家中添置几盆时令盆栽,能烘托出喜气洋洋的节日气氛。挂幅风格独特的装饰画,同样可起到画龙点睛的作用。有的主妇会在布艺上下工夫,因为布料易搭配,色彩变化丰富,价位也大众化,对软化线条、美化空间及营造温馨舒适的居家气氛有很大帮助。家中的窗帘、桌布、椅垫、寝具都可利用装饰布焕然一新。开放式的储藏柜,可选一块色彩、图案较出色的布来遮盖,以化解空间的凌乱。变换灯具和小工艺品也是令家居变身的妙方。

ℓ 家庭保洁禁忌

(1) 塑胶地板用水拖洗

用水清洁刷洗塑胶地板会使清洁剂及水分和胶质起化学作用,造成地板面脱胶或跷起现象。如碰到水泼洒在塑胶地板上,应尽快将其弄干。

(2) 真皮沙发用热水擦拭

真皮沙发切忌用热水擦拭,否则会因温度过高而使皮质变形。可用湿布轻抹,如蘸上油渍,可用稀释肥皂水轻擦。

(3) 锅具清洗时只洗正面不洗反面

锅具使用完后立即清洗正反面,而且一定要烘干。但大多数人只洗表面不洗底层的习惯是非常错误的。因为锅子的底层,常沾满倒菜时不慎回流的汤汁,若不清洗干净则会一直残留在底层,久而久之锅底的厚度就渐渐增加。锅子变得愈来愈重,日后也一定影响炒菜的火候,所以一定要正反面一起洗净,再放置炉上用火烘干,以彻底去除水气。

（4）藤编家具用普通洗涤剂刷洗

藤编家具用普通洗涤剂刷洗,会损伤藤条。最好使用盐水擦洗,不仅能够去污,还可使藤条柔软富有弹性。藤椅上的灰尘,可用毛软的刷子自网眼里由内向外拂去灰尘。如果污迹太重,可用洗涤剂抹去,最后再干擦一遍。若是白色的藤椅,最后还应抹上一点醋,使之与洗涤剂中和,以防变色。用刷子蘸上小苏打水刷洗藤椅,也可以除掉顽垢。

（5）用水擦拭电脑、电视和音响

电脑、电视和音响都是精密的机器,清理时千万别用水去擦拭。清洁家电时,可以用轻巧的静电除尘刷擦拭灰尘,并能防止静电产生。家电用品上用来插耳机的小洞或是按钮沟槽,平时应用棉花棒清理。若是污垢比较硬,可以使用牙签包布来清理,即可轻松除去。

酒精稀释后清洁音响和计算机上的按键最合适不过,你可以将酒精装在喷壶中喷在按键上,然后用纯棉的干布擦拭,既可以去除污渍,也能消毒。同时,衣物柔顺剂也可以在家居清洁时派上用场,用兑有柔顺剂的水擦拭家电,可使其在一周内不易沾尘,效果极佳。

（6）清洁时行走路线杂乱

具体方针是:由上至下,由里而外,将清洁用具放在一只桶里面,让它随时跟随着你,以顺时针方向打扫房间。将所用的清洁用具集中存放,并保持已打扫过的房间干净整洁。

chapter 2　>>

第二章
衣着服饰

■ 第一节　服装材料

一、服装材料

服装材料包括织物的种类，又细分为天然纤维和人造纤维。

(一) 天然纤维

1. 植物纤维

(1) 种子纤维：棉、木棉。

(2) 韧皮纤维：亚麻、大麻、苎麻、黄麻。

(3) 叶脉纤维：马尼拉麻、新西兰麻、西萨尔麻、琼麻、凤叶等。

(4) 果实纤维：椰子纤维。

(5) 木质纤维：稻草、麦秆、灯心草。

2. 动物纤维

(1) 兽毛纤维：绵羊毛、兔毛、骆驼毛、克什米尔羊毛、马海毛、安哥拉兔毛、山羊毛、马毛、牛毛。

(2) 丝纤维：

家蚕丝：中国蚕、日本蚕、欧洲蚕。

野蚕丝：山蚕丝、樟蚕丝、柞蚕丝。

(3) 其他：丝蛛丝。

3. 矿物纤维(如石棉)

未加工的天然矿物中，很少能作为织物纤维的原料。

(二) 人造纤维

1. 再造纤维

1) 无机再生纤维

(1) 金属纤维：用金属制成箔再加工成丝，有金丝、银丝、铝丝等。

(2) 玻璃纤维：将玻璃溶解后再抽成长丝。

(3) 岩石纤维：将以硅酸、盘土、苦土等为主要成分的岩石加热熔融，利用吹散法，制成棉状纤维。

(4) 矿渣纤维：以高压水蒸气喷散制纤时，用所产生的熔融渣制成棉状纤维。

2) 有机再生纤维

(1) 纤维素纤维：黏胶人造丝、特殊人造丝、铜铵人造丝。

(2) 蛋白质纤维

ℓ 动物性蛋白质纤维：酪素纤维。

ℓ 植物性蛋白质纤维：大豆纤维、玉米纤维、落花纤维。

ℓ 其他：海藻纤维、橡胶纤维。

2. 半合成纤维，

醋酸纤维、三醋酸纤维、醋化人造丝等。

3. 合成纤维

(1) 聚酰胺纤维：尼龙。

(2) 聚酯纤维：达克龙、特多龙等，适合压制百褶裙。

(3) 聚丙烯纤维：如亚克力纤维，耐火性佳，不易燃，适于制作儿童睡衣。

二、织物的鉴别

1. 触觉及观察鉴别法

此法为最简便之方法，如以手触摸。

各纤物特性如下：

(1) 棉：易缩、坚韧,传热度高,易起皱纹。

(2) 麻：较冷滑硬挺,缺乏弹性,易起皱纹或折断。

(3) 毛：弹性甚佳,不起皱纹,有温暖感,为最亲切的衣料。

(4) 丝：柔软强韧,光滑悦目。

(5) 人造丝：外观似丝,缺乏弹性,平滑柔顺。

(6) 尼龙：轻柔光滑,韧性及弹性均好,不起皱纹。

(7) 多元酯织物：弹性及保形均佳。

(8) 亚克力织品：质地柔软,蓬松有弹性,不缩不变,是常用来取代羊毛的化学纤维。

(9) T/C：为特多尼龙与棉混纺,适合以中温熨烫,混纺织物的目的是为了改掉缺点。

2. 燃烧鉴别法

若为混合织品,须分别燃烧经纱及纬纱。

纤维名称	接近火焰	在火焰中	离开火焰	味 道	灰 烬
棉 cotton	变焦,很快着火	很快燃烧,黄色火焰	继续迅速燃烧,有火	烧纸味	轻如羽毛的灰色灰烬
麻 linen	微焦,易着火	比棉的燃烧缓慢,黄色火焰	继续燃烧	烧纸味	羽状灰色灰烬,呈原状
丝 silk	冒烟	缓慢燃烧,发出噼啪声	有点继续烧	烧毛发味	圆形且脆而闪亮的小黑粒
毛 wool	冒烟	小而慢的火焰,发出嘶嘶声,卷曲	停止燃烧	烧毛发	不规则,很脆的黑色易碎灰烬
人造丝 synthetic silk	变焦,很快着火	很快燃烧,黄色火焰	继续烧,没有余灰	烧纸味	轻如羽毛的灰色灰烬

续表

纤维名称	接近火焰	在火焰中	离开火焰	味　道	灰　烬
尼龙 nylon	熔解而有光亮	缓慢地燃烧与熔解	火焰逐渐消失	有点芹菜味	圆形而硬的灰色小粒
亚克力 acrylic	熔解而有光亮	很快燃烧,发出噼啪声	继续燃烧与熔解	有点烧肉味	不规则且硬而易碎的黑色灰烬

三、布料的织法

1. 梭织物

(1) 平纹织

最简单也是最常使用的织法。可分平纹、方平织、重平织等。

(2) 斜纹织

比平纹织更紧更密、坚牢、厚重、耐穿,强度最强。

(3) 缎纹织

平滑且富光泽。

2. 针织物(针圈的连续组成)

(1) 经编

可分特利可得、拉斜尔、平普勒克织物、米兰尼经编织物。

(2) 纬编

可分平纹组织、罗纹组织、反编组织、双罗纹组织、双面组织。

四、织物的应用

服装很容易展现出穿者的生活背景、社会地位,尤其是当社会机构对成员的角色规范愈清楚时,这个现象愈明显。随着收入及教育水平的提高,人们可以买各式各样的服饰,并懂得如何修饰自己的外表。为适应社会大众的需求,衣着的形态也不断地进步。衣服的形态是人体和衣服两者相互配合而表现出来的,缺了其中任何一项,搭配不当,就无法产生应有的美感。

■ 第二节　衣物的维护

长久以来我们把服装当作自己的第二层皮肤,舒适合宜的服装带给我们身心的满足与生活的便利,但是如果衣物处理不当则会增加管理上的困扰。

因此,如何清洗以常保簇新,维持服装的外观与卫生,并延长衣物寿命,以及如何理性消费,不只是个人的工作,也是家庭中每一位成员的工作。它不仅是技术的,也是理智的;是经济的,也是艺术的。

欲使衣物穿着时充分发挥其特点及使用价值,并能历久弥新,必须注意平日的保养,包括日常的整理、洗涤、熨烫及收藏保存等。

一、各类质地织物使用后整理要领

毛织品、丝织品及醋酸纤维避免接近热水,因为高温会破坏纤维组织及影响其色泽。

夏季游泳衣穿后必须用热水浸洗晾干,因为海水中含有对织物有害的盐质,而经过热水的浸泡,对盐质有去除的功效。

穿着针织裙子时,臀部处容易松弛变形,可放在熨衣架上,用喷水器喷湿,置夜阴干,便能改善变形松弛。

若长裤、裙子的臀部及衣服的手肘弯曲处发亮,可于被磨亮的部位放一块已去浆之棉布再用蒸汽熨斗轻轻喷熨,然后用衣刷轻刷,即将磨亮之光泽去除,或有褶皱形成时亦可使用此法去除之。

灯心绒、天鹅绒若产生褶皱,应先用刷子将灰尘刷除干净,再将其挂在充满水蒸气的浴室中约二十四小时,这样可消除褶皱,使衣物焕然一新。解下的领带亦可用同样的方法,利用蒸汽可使领带恢复原来平整的外观。

毛毡、床罩及纺毛织物在有阳光的日子,最好经常拿出来挂在空气流通的地方,以去除因使用所产生的味道。

不要每天穿同一件衣服,最好与其他的衣服轮流穿着,使衣物有恢复外观的机会,尤其是毛纤物。毛纤物必须随时刷去灰尘,尤其在穿着之前及脱下之后,因为羊毛织物会吸收皮肤的油脂,若灰尘进入织物纤维内,会与油脂结合,因而产生油污,尤其领子及腋下等处必须特别给予刷除。

要使衣服能够常保如新,维持其外貌的美观及延长使用的年限,最重要的就是要懂得衣服的维护与保养。对于衣物的维护与保养,应从日常细节做起,并配合季节性的保养,以收事半功倍之效。

1. 每日的保养

ℓ 脱衣服时,应先把别针、装饰品卸下,以免损及衣物。

ℓ 不穿时,不需立即清洗的衣物,应将它整理过,挂在通风处,以保持清洁、美观。

ℓ 穿有口袋的衣服,不要经常将手插入口袋里,也不要在口袋里装太多东西,以免变形影响观瞻。

ℓ 尽量不要和衣就寝,以免衣服产生褶皱或变形。

ℓ 工作或做家事时,要换上工作服,或加上罩袍、围裙、袖套,以保护衣服。

ℓ 每天应更换衣服,使其有恢复外观的机会,尤其是毛织品。

ℓ 穿套头衣服时,为保领口清洁,在穿脱时可以先用丝巾包住头部。

2. 每周的保养

对于不常清洗的外套、西装、大衣应刷干净,挂好。对于一般日常穿着的衣物,应检视是否有松线、掉扣子的现象,若有则应立即缝补,以免使破损加剧。

3. 季节性的保养

当季节转变时,有些衣物必须存放起来。服装在收藏之前,必须清洗干净,通风晾干,以免仍有湿气,易招致霉菌的滋长,而破坏衣物的组织。此外,为了方便日后需要时,随时可以取用,也要仔细做好收藏工作。

二、洗涤

除了以上各种服装的维护与保养之外,日常的洗濯、去渍、熨烫与储存,也都需要有计划地执行,才能使服装管理发挥最大的功效。

1. 洗涤标签的认识

服装成衣按规定一般都会挂有多种标识。这些标识对消费者具有指导意义,比如在衣领、袖口部位会注有商标。它便于消费者来确认品牌。在领窝、侧缝处会注有规格、尺寸,方便消费者按尺码选择合适的服装,在最明显的地方会挂有吊牌。它集合了有关服装的相关信息。不过这些都不是最重要的,最重要的是衣物的"洗涤标签"。

由于科技发达,衣物的特性往往因多种纤维的混合,以及织造过程加工的技术,使得消费者不易辨识。正确洗涤衣物可以维护衣物的特性,不当的处理却会造成衣物的损坏。

洗涤标签又简称为"洗标",属于衣服的永久性标示,是衣服厂商经过多次的试验,将最适合这件衣服的清洗、干燥方法等,以符号或文字表达给消费者。通常,我们可以在衣服的后领、裤、裙的腰带处寻得。藏在衣服夹缝中的这个小标识,才是我们要重点介绍的,它对消费者保养衣服起着最关键的作用。

为了帮助我们正确地清洗及保养衣物,现在就让我们仔细地辨识它们吧!

(1) 常见的洗涤标识与其意义

这些各式各样的图案很容易让人看得一头雾水。但是仔细观察,其实生活中最常见的洗涤标识主要有这么几大类:水洗标识,是以一个槽型图案为基础来进行演变的,有这样的标识说明衣服既可以用洗衣机洗,也能用手洗。槽型里面有数字,是表示最高的水温标准。如果槽型里面出现了一只手,则表示这件衣服只能用手轻轻揉搓。如果槽型里面出现一个叉,则表示衣服不可水洗。

毛、丝的服装容易失去光泽,而镂空带花的丝绸,水洗会严重收缩变形,所以它们都带有干洗的标识。认清干洗标识,只要记住圆圈就可以了。至于里面的字母变化,无非是对于干洗材料的要求,仅对干洗店的专业人员有所提示。如果在圆圈上画一个叉,就务必不要干洗。

关于能否用漂白剂漂白的问题,如果有三角形或三角锥形瓶的图案,这就表示可以用漂白剂处理。如果带叉自然就是不能漂白。漂白剂杀伤力强,容易分解纤维。它仅适宜单色棉织品服装。除非万不得已,最好不用漂白剂处理。

衣服的晾晒也是一种保养方法。晾干标识是一件衣服图案,表示可以挂起来晒太阳。在衣服上,如果多了一点斜纹,表示脱水后在阴凉的地方晒干。有个"平"字,就是要平放干燥,多个叉就是不能吊挂晾干。像棉、针织布材质松软,结构复杂,宜平摊;而化纤材质干得快,可以吊挂。

整理衣服的最后一步就是熨烫了。衣服原料会在不同的温度下呈现不同效果。如果熨烫标识下面有波纹,就表示在熨烫的时候需要有垫布,而下面如果多了一些竖条,则表示需要用蒸汽熨斗熨烫。其次,熨斗的温度提示是通过标识上面的小点来显示的。1个点表示熨斗的温度不能超过110 ℃。2个点表示熨斗的最高温度不能超过150 ℃。至于3个点就表示最高温度是 200 ℃。在您熨烫前,一定要看清到底是几个点。当然天然纤维耐温性好,选择好温度就可以熨烫,而化纤不耐温,极易起光,所以熨烫应低温或垫布。

(2)洗涤英语词汇表

dry-clean 干洗

do not dry-clean 不可干洗

compatible with any dry-clean in methods 可用各种干洗剂干洗

iron 熨烫

iron on low heat 低温熨烫(100 ℃)

iron on medium heat 中温熨烫(150 ℃)

iron on hight heat 高温熨烫(200 ℃)

do not iron 不可熨烫

bleach 可漂白

do not bleach 不可漂白

dry 干衣

tumble dry with no heat 无温转笼干燥

tumble dry with low heat 低温转笼干燥

tumble dry with medium heat 中温转笼干燥

tumble dry with hight heat 高温转笼干燥

do not tumble dry 不可转笼干燥

dry 悬挂晾干

dryflat 平放晾干

linedry 洗涤

wash with cold water 冷水机洗

wash with warm water 温水机洗

wash with hot water 热水机洗

hand was only 只能手洗

do not wash 不可洗涤

2. 洗衣秘诀

成堆的脏衣物在清洗前应保持干燥,切勿弄湿,以免生霉斑。清洗时,更应注意洗涤卷标的说明,配合正确的洗衣程序,采用正确的洗衣方法,以达到清洁及维护衣物的良好效果。

(1) 洗衣程序

检查→分类→预洗→皂洗→清洗→干燥

检查——备洗衣物必须先做洗前检查,再加以适当的处理。

ℓ 取下不宜洗涤的饰物、附件。

ℓ 刷去灰尘。

ℓ 绽开的缝线和破损处先缝补。

ℓ 须去渍的要先行处理。

ℓ 拉起拉链,合上魔术带(母子带)。

ℓ 试验衣物是否会褪色。

ℓ 检查口袋。

(2) 洗前分类不可免

大类可分成水洗和干洗、易褪色和不褪色。水洗又分为手洗或机洗。手洗衣物一般包括高级衣物;内衣、内裤、手帕、丝袜、羊毛、丝绸、针织物及弹性织物等。其他衣物则可选择机洗。其中外出服、轻软柔细的衣服可选择弱水流;较厚或较脏衣物可选择强水流。

(3) 洗涤的种类

由于衣物纤维性质的差异,洗涤的方式大致可分为水洗与干洗两类。居家生活我们大多采用水洗的洗衣方式,而干洗则是送洗衣店处理。以下利用图表将二者做一简单的比较。

水洗与干洗之比较

	说 明	外力的来源	溶剂与洗洁剂	选择依据	经 济 性
水洗	将一般衣物放入水中,利用水和洗洁剂,再以人力或机器洗涤,而将衣服污物清除的方法	人或洗衣机	水及一般洗洁剂	纤维类:浅色的棉、麻。衣物:平日家居服、运动服等。	1. 在家即可进行,经济方便。 2. 容易损坏衣物(变形或褪色等)。
干洗	用油剂与干洗机去除污渍的洗涤法,由于油剂中不含有水分,因此为避免缩水或变形的毛、丝织品,大多选用干洗,减少受损的机会。不过由于干洗剂的使用会危害人体与环境,应尽量避免穿着只能干洗的衣物	干洗机	非水溶性的油剂,如工业用石油	纤维类:深色的棉、麻、毛料、丝、人造丝。衣物:西装、大衣、外套、礼服等。	1. 通常送往洗衣店处理,清洁成本高。 2. 衣物较不易受损,使用期限长。

3. **慎选洗洁剂**

(1) 去污过程

洗洁剂在去污过程中,会历经以下四个过程:浸透作用:以洗洁剂溶液浸湿衣物;吸附作用:洗洁剂分子附着在污垢上,将它化成小块状的污垢;分散作用:将小块状污垢带离布料,分散在溶液中;乳化作用:悬浮在溶液中的污垢与洗洁剂分子结合成安定状态,随溶液倒出而去除。

(2) 种类

市面上所销售的洗洁剂品牌、种类繁多,购买时,除了考虑洗净力、价格外,务必掌握各类洗洁剂的特性与用法,并配合自己的需要加以选用。

洗洁剂的种类、特性与用法

种类	单次用量*	特　　　色
肥皂	适量使用	1. 温和洗洁剂,不刺激皮肤。 2. 适合贴身衣物及婴儿用品。 3. 在海水及硬水中不起泡沫。
洗衣粉	40 克	1. 有软性、硬性、无磷、酵素等不同配方。 2. 由于硬性洗洁剂在自然环境中不易分解且易造成公害,经改良配方后,所制成的软性洗洁剂较无此顾虑。
浓缩洗衣粉	25 克	1. 量少质精,用量为一般洗衣粉的四分之一。 2. 溶解快,泡沫少,洗净力强。 3. 浓度较高,须冲洗干净。
洗衣精	20～30毫升	1. 呈液态状,溶解速度最快。 2. 效用与洗衣粉相同。 3. 单次洗涤价格较高。
冷洗精	1/2 脸盆约需 10 毫升	1. 专为手洗设计的中性洗洁剂。 2. 可防止衣物产生静电。 3. 适合洗涤毛料、丝绸等高级衣料。
衣领净	适量喷在汗渍处	1. 可加强去除袖口、衣领的污渍。 2. 有些品牌可去除油渍、咖啡、口红、血迹、果汁、机油和笔油等污渍。

* "单次用量"均是配合 30 升的低水位。

4. 洗洁剂正确使用法

洗洁剂浓度并不是愈浓,效果愈好。当到达一定限度,洗净力就会下降。因此,洗洁剂的需要量主要不是依照脏污程度而定,而是要看洗濯水量多寡来决定。传统洗衣粉,洗洁剂浓度以 0.3％～0.5％(1 升加 3 克～5 克)的洗净力最强,浓缩洗洁剂则只要 0.05％～0.4％(1 升加 0.4 克～0.5 克)即可达到极佳的洗净效果。由于目前各种厂牌洗洁剂的最佳洗衣浓度互有差异,因此,添加洗洁剂之前,应先详阅说明,以掌握最佳的浓度。

各种素材的洗洁剂和洗濯方式

素材	天然纤维				化学纤维						
	棉	麻	丝	羊毛	人造丝、卡普龙	醋酸纤维	尼龙	维尼龙	聚酯纤维	丙烯	聚氨酯
主要制品	内衣、寝具	夏季衣料、手帕等	衬衫、领带等	毛衣、衬衣等	衬衣、窗帘等	雨衣、袜子等	内衣、袜子等	学生服、工作服	衬衫、洋装等	毛衣、窗帘	泳衣、袜子等
适合的洗洁剂	弱碱性洗洁剂、肥皂		中性洗洁剂		弱碱性洗洁剂、肥皂	中性洗洁剂	弱碱性洗洁剂				
温度	水洗		温水		温水	低温水	温水				
漂白剂	含氯漂白剂		白色衣物		含氯漂白剂	含氯漂白剂	含氯漂白剂		含氯漂白剂		
洗衣膏	淀粉制品		化学制品		化学制品			淀粉制品	化学制品		
柔软精	均可使用				几乎所有的纤维均可使用，但是聚酯纤维衬衫或洋装若用太多的柔软精易起皱						
晒法	日晒干燥、花衣服则阴干	阴干			阴干						
熨烫方法	高温(180℃~200℃)	低~中温(120℃~140℃)	中温(140℃~160℃)	低~中温(120℃~160℃)	低~中温(130℃左右)						低温(90℃~110℃)
注意事项	不要长时间日晒，容易缩水，必须熨烫	手洗，日晒会变黄		用手抓洗	洗濯时间要短		日晒会变黄	彻底冲净	以脏掉的洗洁液清洗反而形成污染	洗濯时间要短	轻轻搓洗，用大量清水冲洗

5. 预洗

在皂洗之前,将衣物先行浸泡水中,谓之预洗。可使水分深入纤维中,先行除去水溶性污物,减少洗洁剂用量,达到更佳的洗涤效果。但浸泡时间不可过长,宜在 20～30 分钟之间,以避免污物再度污染衣服。

稀释漂白水时要开窗,使空气流通;须佩戴保护装备;稀释时要用冷水,因为热水会失去效能。调校方法如下:

1:99(以 10 毫升漂白水混合于 1 升清水内),可用于一般家居清洁;1:49(以 10 毫升漂白水混合于 0.5 升清水内),用于消毒染有呕吐物、排泄物的表面。

6. 居家常用的洗衣方法

1) 洗衣机洗涤法

符合家庭科学管理的原则,不但节省人力,又可在洗衣的同时,进行其他家事的操作。现在的洗衣机由于设定多种洗涤行程,只要正确使用,几乎可以完全取代人工洗衣。其步骤为:给水→加入适量洗洁剂并充分搅拌溶解→放入衣物→选择适当按键→依各种不同类型的洗衣机操作洗涤。

若是较易受损或容易与其他衣服缠绕的衣物,如领带、胸衣、丝袜等,应避免使用洗衣机洗涤,或先放入洗衣袋中。

(1) 半自动

ℓ 可以随心所欲地设计洗衣流程。

ℓ 每一次的清洗、脱水都要人为操作,比较不方便。

ℓ 洗衣槽几乎都采用漩涡式的洗涤法。

(2) 全自动

● 漩涡式

ℓ 洗净力强,水流的旋转方式、强度可分段做选择。

ℓ 衣服容易彼此缠绕,形成打结现象。

● 搅拌式

ℓ 洗涤时,衣物较不易打结缠绕。

ℓ 放置衣物时,要均匀地环绕洗衣棒。

● 滚筒式

ℓ 旋转的力量不强,因此不会造成衣物磨损与打结。

此外,目前有些新式的洗衣机具杀菌、消毒、烘干的作用,十分方便。

(3) 使用要点

ℓ 洗前详阅说明书,并按指示使用。

ℓ 洗衣机内不宜一次洗太多衣物。

ℓ 所需水量应与衣物重量成正比,视衣物多少选择适当水量:衣物多且较脏时应增加洗洁剂用量及用水量。

ℓ 放置场所注意事项有:

a) 插座需专用。

b) 便于给水、排水。

c) 宜放在干燥通风处,避免湿气太重。

d) 地面平坦。

e) 将地线接好。

ℓ 使用后应清洗机体内外并擦干。

ℓ 每隔3~4个月,在旋转轴心加少许机油。

2) 手洗法

比起洗衣机洗涤法,手洗法更能就衣服实际状况进行清洗,适用于特别珍贵或较多装饰的衣物,详见下表。

常见的手洗法

方式	漂　洗	压　洗	抓　洗	揉　洗	刷　洗
说明	双手抓住衣物上端,在水中前后移动,藉着水流力量清洗衣服	衣服从水面推向盆底,靠近盆底时用力压挤,直至清洁为止	将衣物卷成柱形,两手分别握住两端,在水中由两端向中央夹挤,反复至干净	两手抓住衣服污渍的周围,利用布料彼此摩擦,去除污物	利用刷子刷除衣服上面的污垢。进行时,应顺着衣服布纹的方向,以免造成变形
产生力量	弱	弱、中	弱、中	弱、中、强	弱、中、强
适用情形	质料薄软,容易变形,又不太脏的衣物	针织结构的衣物为避免变形,可用压洗	较常用在清洗丝织品,或薄软的衣物	布料耐洗且局部特别污秽时使用	对于质料厚硬、牢度高、污渍面积大的衣物,可以刷洗处理

3) 干洗法

(1) 送洗前的注意事项

先检查衣服弄脏的程度或发生尘垢的部位等,拿下胸章或徽章,告知洗衣店人员应注意的事项。此外,即使经过干洗仍有些污垢不易脱落。例如羊毛等制品沾染大量汗水时,也有用温水加洗洁剂的水洗法。一般来说,都是洗衣店决定洗法,但若能在送洗时告知弄脏的程度,更有助洗衣店的洗净效果。

(2) 取用时当场检查一次

至洗衣店取回送洗的衣服,要当场检查尘垢或弄脏的部位是否确实清除、纽扣等有否脱落。要是仍残留污垢,可要求店家重洗一次。

覆盖衣物的塑料袋不适合在家庭中保存。因干洗时碰触到的蒸汽还滞留于袋中,若任其摆着,容易产生污垢或发霉;所以收藏之前要吊起吹风阴干。

（3）选择可靠的店面

想送洗的衣服大都是昂贵、高级质料等服饰，最好选家可靠、信誉佳的洗衣店，以免出了差错闹得双方都不愉快。

（4）发生差错时如何解决

衣服的素材富于变化，不能干洗的衣服或质料细致的制品不断增加。

送洗前先检查衣物的处理方式，可防止许多意外，万一有衣物缩水、变色、褪色、纽扣脱落或衣料受损等情况时，依各种不同的发生原因，判断店家有否责任。如果是店家出错，可要求其负起赔偿责任。

此外可参考洗衣同业公会制定的法则条例，查明顾客的权利与义务。

7. 衣服的去污

（1）找出原因尽早处理

发现衣服有污垢时，要查明原因，以适合的方法加以去除。

衣垢大致可分为三大类——咖啡、酱油或酒等水溶性污垢；奶油、口红或原子笔等油性污垢；泥土等固态污垢。

水与洗洁剂、洗洁剂与挥发油等溶剂可分别去除水溶性与油性的污垢。至于固态污垢再细分为水溶性与油性，先清除固态物，再配合污垢的种类来处理。

毛巾、刷子、棉花棒和纱布等都是去除污垢最基本的用具。毛巾可垫在下面吸取污垢的水分。用来晕开污垢的刷子，旧牙刷即可。弹落污垢的棉花棒，也可使用数块纱布来代替。

（2）尽早处理加以清除

衣服沾上污垢时，越早处理，越能彻底地加以清除。

在清除污垢前，先弹落四周的灰尘与垃圾。

可利用布边试试此衣物是否会褪色或变色。由污垢的外侧向中心轻轻敲打，在不伤衣料的前提下，用垫在下面的毛巾吸取污垢。

去除污垢后,经过一天时间,任其自然干燥。

如果平日家中即备有毛巾、纱布和数种药剂,就能随时处理衣物的顽垢。挥发油、轻汽油、酒精、阿摩尼亚等都是可以利用的药剂。

(3) 各种污垢的去除法

基本上拜托专家处理是最好的,但容易脏的领围部分自己可以处理。

喷水让污垢部分显现出来,用牙刷刷拭。再次喷水使其有充分的湿气。用清洁的毛巾将水分除去的同时,也可将污垢一并除去。秘诀为不搓揉,而用敲打的方法。

污垢的种类	处 理 的 方 法
咖啡	用毛布沾取洗洁剂拍掉污点
红茶	以加入肥皂的温水擦拭
茶水	先用湿毛巾擦拭再以洗洁液或氨水拍污点
啤酒	用拧干的毛巾拍打。再以酒精1∶醋1∶水8的溶液擦拭
葡萄酒	先用水再以酒精擦拭。若有红色污点要漂白
果汁	用湿毛巾擦拭,再用洗洁液拍洗
牛奶	以布蘸取挥发油拍掉,再以温肥皂液清洗
奶油	先用纸巾擦掉油脂,再以挥发油擦拭,最后用洗洁液清洗
酱油、调味品	先用水拍洗再以洗洁液洗
番茄酱、色拉酱	将衣物浸在滴入2～3滴洗洁剂的水中,用刷子拍洗
食用油	以湿毛巾蘸取柠檬汁擦拭,再用洗洁液清洗
咖喱粉	用布蘸取挥发油拍打,再浸于温水中漂白
巧克力	把蘸温水的毛巾拧干擦拭,再以洗洁液搓洗
糖球	用萝卜的切口仔细拍打,再用干毛巾擦拭
口香糖	用包布的冰块使其凝固后剥落
可乐	用洗洁剂拍洗

续表

污垢的种类	处 理 的 方 法
粉底	用布蘸取挥发油拍打,再以洗洁液抓洗
口红	用布蘸取酒精拍打
蜜粉	用稀释20倍的醋酸溶液擦拭;用牙刷蘸挥发油拍打
香水	把毛巾铺在下面,用布蘸酒精拍打
指甲油	用布蘸去光液轻拍
汗斑	把1杯热水混合1大匙氨,用毛巾蘸取拧干擦拭
尿液	以含醋的布拍打,再以酒精拍打后用水清洗
血液	用水冲洗(严禁用热水)或用萝卜切口拍打
原子笔划痕	用含醋的布拍打
蜡笔划痕	情况轻微时用挥发油擦拭,否则就要送洗
奇异笔划痕	用挥发油或冲淡剂拍拭,再用家庭用洗洁剂清洗。也可以用去光液
蓝墨水	浸在30倍的氨水中,再浸泡还原型漂白剂
红墨水	以掺有氨化剂或乙烯甘油的洗洁剂擦拭
墨汁	把饭粒和洗洁剂搅拌涂抹,再加以搓洗
鞋油	以含酒精的棉布拍打
油漆、沥青	先用含挥发油的布,再用含冲淡剂的布依序拍打.
红印泥	用挥发油或冲淡剂拍打后,再以温水搓洗
煤油	用挥发油或轻汽油拍拭,再用肥皂清洗
泥巴	干掉后剥落泥巴,用洗洁液擦拭
霉菌	日晒后用刷子弹落,浸在稀释200倍的厨房用洗洁液中半天即可

三、熨烫

1. 熨烫用具

要使衣物笔挺,熨斗是不可或缺的工具。由于衣物质料各有不同,所需的温度亦不同,熨衣之前,须先了解布料特性、洗标所示的意义及熨斗

的使用方法,如此,熨烫出来的衣服才能达到良好的效果。

熨烫用具

用具名称	说　　明	用　　途
熨斗(普通、蒸汽)	家庭常用的有普通熨斗及蒸汽熨斗	熨平衣物
熨衣架	台面较大,脚架可收折,便于收藏	可熨平面的衣物及裙子等筒形物
袖垫	为小型熨垫,造型另有可收叠式的,以便收藏	熨烫袖子专用
熨衣垫布	棉布,为去浆的坯布或白漂布,或以素色布取代	盖在衣物上保护被熨的衣物
水刷	是一种较小的刷子,可用刷油漆的小刷代替	熨烫时刷湿烫的部位,加强熨烫效果
喷水器	喷雾要细且均匀,不滴水	熨烫的衣物需大面积喷水时使用,以加强熨烫效果

2. 熨斗的处理

(1) 黏住衣浆时

把拧过热水的毛巾摊开,放上切断电源的熨斗约 10 分钟,然后用此毛巾擦熨斗,就能使黏住的衣浆脱落。

(2) 化学纤维烧焦时

用布蘸取牙膏仔细地擦拭切断电源的熨斗。如此可避免刮伤表面且把污垢擦掉。最后再涂一层薄薄的蜡即可。

(3) 蒸汽口的阻塞

使用铁丝或牙签等清除干净。蒸汽熨斗使用完毕时,要排净水才可收起来。

3. 衣服整熨要诀

(1) 熨斗的温度

依布料的不同,确定衣物真正的处理方式后,再把熨斗调到适当的温度。

熨烫数种衣物时,先从需高温熨平的衣服开始,再慢慢调低温度。手帕等小东西或化纤制品留到最后,利用拔掉电源后的余热熨烫,更省电。

布料种类	人造纤维	丝	毛	棉、麻
温　度	低温 80～120 ℃	低温 80～120 ℃	中温 120～160 ℃	高温 180～210 ℃

(2) 熨衣方式

a) 干熨

若要避免留下水痕,可用此方式。方法为直接以普通熨斗熨烫。

b) 湿熨

布料较厚或褶皱较深者用之。方法是将水先喷在衣物上,或以湿布覆盖再行熨烫。

c) 蒸汽熨

适用对象为毛织品、有绒毛或布料较厚者。方法是以蒸汽熨斗熨烫衣物。

4. 熨烫步骤与注意事项

ℓ 备妥熨烫工具。

ℓ 明白熨斗的使用方法。检查熨斗底面是否清洁,调整适当温度。

ℓ 先将反面的缝、袋布烫平。

ℓ 尽可能熨烫衣服的反面。领子、口袋、衣襟、下摆等部宜熨烫正面。

ℓ 务必将衣物洗净,才可进行熨烫。穿过的衣物脏污,不宜熨烫。

ℓ 阅读熨烫标示,确定是可以熨烫的织物,并清楚熨烫温度。选择适当的熨烫方式,不同的质料使用不同的方法。

ℓ 容易发亮的布料最好采用压熨,并在衣物表面铺上一层干净的布。

ℓ 正面熨烫时使用烫布。

ℓ 依布料的布纹熨烫,以免变形。

ℓ 小心避开怕热的附件、花边。

ℓ 依照熨烫顺序完成工作。

ℓ 熨烫过的衣物要妥善折叠或吊挂。

ℓ 收拾用具。熨斗应小心放置(若为蒸汽熨斗,要记得将水倒掉并蒸干),待冷却之后再收存。

ℓ 若化学纤维熔化黏在熨斗底部,可用软布蘸牙膏,小心擦拭,即可除去,千万不要以利器去刮除。

ℓ 熨斗耗电量大,避免与其他电器使用同一插座。

ℓ 放置熨斗的台面须平稳,中途离开时,应将熨斗竖起,拔下插头。

5. 各式各样衣物的熨烫

不同的衣物,各有不同的熨烫顺序,如果能掌握正确步骤,由厚到薄,由里至外,将可使熨烫效果加倍,让我们一起来看看常见的熨烫顺序。要想使衣服熨后富有光泽,可在浆衣服时掺入少量牛奶。

(1) 衬衫

肩部→左右袖子与袖口→领子背面与正面→衬衫后身→衬衫前身

a) 熨前身时,边扯平皱纹边从下摆往上熨烫。

b) 肩头及联结袖管的部位利用熨衣板的角度熨烫。

c) 覆肩部位分左右两块,一半一半地分开横着熨烫。

d) 领子最后熨,用手扯住领子的一角熨烫。

（2）长裤

裤管内侧及缝合线→内侧口袋、裤腰→翻回正面裤腰部分→正面左右脚边接线→裤管前后中心处

熨衣裤时，先在垫布或吸墨纸上喷洒上一些花露水，然后再熨，会使衣服香味持久。

（3）裙子

先熨里衬→裙腰里面→裙腰正面→将百折裙折边整理好→正面及细折

熨烫带有皱褶的裙子时，应先熨一遍褶边，然后再熨整个褶。

（4）熨尼龙和人造丝织品

熨尼龙和人造丝织品时，要特别小心，切不可温度过高，否则会使织物的染色（尤其是灰、蓝色）遭到破坏，出现点点白斑。

（5）毛料衣服的熨烫

毛料衣服有收缩性，最好从反面铺垫上湿布再熨。如果一定要从正面熨，则要求毛料较湿，熨斗要热。

（6）洗过的真丝衣服

一般很难熨平，但若把它装进尼龙袋，放入冰箱内冻上片刻，取出来再熨，效果就很理想了。

（7）皮革服装的熨烫

皮革服装须用低温熨烫。可用包装油纸作为熨垫，同时要不停地移动熨斗，使革面平整光亮。

（8）领带

不论是何种面料，一般都不宜下水洗涤，以免褪色、缩水，失去原来的风采。洗熨领带宜用干洗法。先用软毛刷蘸少量汽油刷污处，待汽油挥发后，再用洁净的湿毛巾擦几遍。熨烫时，熨斗温度以 70 ℃为佳。毛料

领带应喷水,垫白布熨烫;丝绸领带可以明熨,熨烫速度要快,以防止出现"极光"和"黄斑"。

熨领带时,可先按其式样,用厚一点的纸剪一块衬板,插进领带正反面之间,然后用温熨斗熨。这样不致使领带反面的开缝痕迹显现到正面,影响正面的平整美观。

若领带有轻微的褶皱,可将其紧紧地卷在干净的酒瓶上,隔一天皱纹即可消失。

6. 衣物熨焦处理法

(1) 绸料衣服上的焦痕,可取适量苏打粉掺水拌成糊状,涂在焦痕处,自然干燥,焦痕可随苏打粉的脱离而消除。

(2) 化纤织物烫黄后,要立即垫上湿毛巾再熨烫一下,较轻的可恢复原状。

7. 各类衣服的保养方法

(1) 西装的皱痕:喷上喷雾晾起来;吊在冒热汽的浴室内。

(2) 领带的皱痕:把和领带同一形状的圆报纸插入内部,稍微拉开,加上蒸汽。

(3) 制服的皱痕:在脸盆水中加入 1 大匙氨水混匀,浸入毛巾,拧干垫在制服下面熨烫即可。

(4) 膝盖变宽的裤子:把裤子翻到背面摊开,在膝盖处喷雾,由膝盖四周往中心熨烫 2 次,再反过来,正面喷雾即可。

(5) 天鹅绒布起毛:先喷雾,用刷子轻刷起毛的地方。

(6) 羊毛毯的灰尘:用绞干的海绵轻拭灰尘;用胶带或黏纸除去灰尘;用吸尘器。

8. 如何令牛仔裤不掉色

牛仔裤一定是时尚的必备品,会打扮的朋友一定会有很多搭配服装的牛仔裤吧,但你是否会将它当宝贝一般关心、爱护呢? 对待牛仔裤,你就要像养牛一样把它养起来,不要常洗,偶尔晒晒太阳就好。当然也不是说很脏了也不要洗,卫生也很重要啦。在洗牛仔裤之前好好来看一下关于牛仔裤你所要了解的:

一般朋友穿牛仔裤一周或是有一点汗就放进洗衣机里洗,其实这样对牛仔裤的损害是很大的,正确方法应该是,尽量 6～12 个月清洗一次,如果夏天出汗很多,你可以将自己的牛仔裤挂在通风的地方,喷上一些清水,让它自然阴干,这样牛仔裤上的汗味就不会有了;如果牛仔裤黏上了一些不干净东西,你可以在脏的地方喷上清水,然后轻轻搓掉脏东西,挂在通风很好的地方,让它自己风干就好了!

记住:第一次清洁不要干洗或是机洗!

大家一定有印象:牛仔裤洗完晒干后一定是硬的,这除了用洗衣粉的原因,还有一个原因就是丹宁布上有一层胶。所以,第一次清洁时尽量不要用机洗或干洗,最好是穿在自己身上清洁,这样清洗牛仔裤,会使牛仔裤更加符合自己的腿型,穿出来的效果会更加好。清洁完后还是要挂在通风的地方,让它自己风干。

牛仔裤在洗前一定得做一些基本的保色处理。不然牛仔裤很快就会洗白。保色处理其实很简便,洗前将牛仔裤浸放在有水的盆内,然后放入二勺白醋,浸泡约半小时,这样牛仔裤的掉色就不会那么严重了,不信可以试试哦。

请千万别用热水浸泡裤子,那会有很大程度的缩水现象,一般水温在30 ℃左右即可。如果条件允许,请不要用洗衣机洗牛仔裤,碰到原色裤子,那裤身的自然磨白也会变得不自然。不要熨烫,保持自然的裤型。

洗的时候一定要记住将里面翻过来洗,可以有效减少褪色。如果牛仔裤不是有油污或特别肮脏,尽可能减少洗衣液用量(尽量不要用洗衣

粉,碱性洗衣粉很容易让牛仔裤褪色),甚至清水洗涤即可。

将牛仔裤折好,放入洗衣袋里(或用手洗),清洁剂请使用洗碗精(因为一般洗衣粉为了有洁白的效果,成分中都含少许的漂白剂,故牛仔裤容易掉色;洗洁精不含漂白剂,除了有清洁的效果外,还可去油渍)。腰部挂起,翻过来晾晒,晾在干燥通风处,避免阳光曝晒,容易引发严重的氧化褪色。

如果要脱水,同样要翻过来脱水,时间不要太长,一分钟就可以了。

9. 怎样洗涤纯棉衣服才不会变旧

纯棉服装的主要特性是穿着舒适、透气、吸汗,对人体无害,棉的染色性能比较好,洗的时候应该与别的衣服分开,平时洗涤的时候最佳水温是30 ℃～35 ℃,浸泡几分钟,但不宜过长,洗完后不宜拧干,在通风阴凉处晾晒,不要在日光下曝晒,以免褪色。

因此建议使用含酸性的洗涤用品(比如肥皂),使其达到中和作用,如果使用纯棉专用洗洁剂那会更好,另外夏装必须勤洗勤换(一般三天一次),使汗液不会保留在服装上太久。

棉 T 恤大多数是单支领的,比较薄,您在洗涤的时候避免用刷子刷,也不要用力搓,晾晒的时候把衣身和衣领整理好,避免外翘,衣服的领口不能横向搓洗,洗好之后不要拧干,直接晾挂,不要在太阳下曝晒,不要在高温下晾晒。

10. 几条服装保养锦囊妙计

第一招　对付顽强的拉链

买来的衣服,或是放了很久的衣服,拉链总是会比较不顺。尤其是早上匆匆忙忙顺手拿起来要穿,遇上拉链不顺更是令人着急。这个时候不妨试试用铅笔在拉链的地方来回摩擦,这样一来拉链不顺的状况应该会有相当显著的改善。这是因为铅笔芯可以在拉链咬合的地方产生润滑的功效。如果衣服是白色或浅色的话,可以用蜡烛来代替铅笔,也会有很不错的效果喔。

第二招 厚重衣服的快干秘笈

牛仔裤或是厚的棉质长裤,清洗之后比较不容易干。所以在晒的时候可以用圆形的衣架让裤子保持如同穿着时的状态,并且把拉链和扣子全部解开。另外最好将裤子翻过来,这样不仅口袋的地方比较容易吹干,也可以防止太阳照射导致褪色的困扰。

第三招 晒衣服的不变法则

想让衣服早一点干,不仅要把衣服尽量放在有阳光的地方,最重要的还是要能够通风。在晾衣服的时候,最好在外侧挂上薄的衣服,最厚的衣服排在第二,之后把薄的、厚的、短的、长的衣服全部交错悬挂,这样一来就可以让风完全流通,衣服也就很容易干了。

第四招 牛仔裤不再愈洗愈白

已经愈洗愈浅的牛仔裤,有一个法宝能让它恢复成鲜艳的颜色喔。做法相当简单,那就是把新的深色牛仔裤和旧的牛仔裤一起清洗。这样一来新牛仔裤掉落的颜色就可以很自然地染在旧的牛仔裤上面,当然旧的牛仔裤也就可以恢复鲜艳的颜色了。

第五招 消除衣服上难闻的烟味和烤肉味

享受美食之后,面对留在衣服上的味道总是感到相当困扰。只要在洗玩澡后,趁着还有一些蒸汽时,把衣服挂在浴室里2~3小时,之后拿出来晾干就可以了。因为衣服中水分蒸发的时候气味也会随之蒸发掉。如果急着要穿的话,用熨斗的蒸汽蒸一下,也可以达到相同的效果。

第六招 熨衬衫的好帮手——浴巾

熨衬衫的时候,有一定的程序。首先从领子开始,然后是袖口→衣

摆→后衣身→前衣身。基本上依照这样的程序熨下来,衬衫应该会相当的平整。但是领子、袖口和肩裆布的地方却是最难熨的部分。这时候浴巾就派上用场了。只要将浴巾折叠起来垫在袖口或是领口下面,不但可以熨出很立体的形状,也不会熨出乱七八糟的折痕来。

第七招　衣服上的污点全部消光光

不小心溅到了酱汁时,当下的处理是最重要的。溅到了酱油和红茶的时候,应该立刻用餐巾纸把水分吸掉,千万不要去擦。接下来就等回家再作处理了。基本的处理方式,是先拿一块布垫在溅到污渍的地方,然后把5~6支棉花棒捆在一起,蘸上水和去渍油,轻轻地把衣服上的污渍刷到下面的布上去。如果还不能够完全清除的话,试着蘸上中性洗洁剂,再蘸水进行擦拭。

第八招　用湿毛巾消除衣物上的汗渍

虽然只是一点点残留在衣物上的汗渍,但是每穿一次就一定得清洗也很费工夫。过度清洗反而会让衣料受损,所以只要用湿毛巾把有汗渍以及领口的地方轻轻地拍打,让污垢转移到毛巾上面去,接着只要吹干就可以了。

第九招　干洗后的服装收纳法

洗过后拿回来的衣服都会套上一层透明的塑料袋,很多人都会认为正好可以防尘,就直接收到衣柜里去了。但是通常干洗后的衣服,还会有一些湿气和化学气体残留在上面,最好能够挂在通风的地方,过一阵子再收起来,比较能够保持衣物的良好状态。

四、收藏保存

1. *不同面料与颜色的衣物,晾晒技巧各不同*

服装晾晒原则是:应该根据不同面料、不同颜色采取不同的晾晒方法,衣服才能保持不变形、不掉色。

(1) 丝绸面料服装

洗好后要放在阴凉通风处自然晾干,并且最好反面朝外。因为丝绸类服装耐日光性差,所以不能在阳光下直接曝晒,否则会引起织物褪色,强度下降。颜色较深或色彩较鲜艳的服装尤其要注意这一点。另外,切忌用火烘烤丝绸服装。

(2) 纯棉、棉麻类面料服装

这类服装一般都可放在阳光下直接摊晒,因为这类纤维在日光下强度几乎不下降,或稍有下降,但不会变形。不过,为了避免褪色,最好反面朝外。

(3) 羊毛衫、毛衣等针织面料衣物

为了防止该类衣服变形,可在洗涤后把它们装入网兜,挂在通风处晾干;或者在晾干时用两个衣架悬挂,以避免因悬挂过重而变形;也可以用竹竿或塑料管串起来晾晒;有条件的话,可以平铺晾晒。总之,要避免曝晒或烘烤。

2. 服装保养的基本方法和重点事项

保养与收藏服装,是人们日常生活中既普遍又重要的事情,应做到合理安排、科学管理。在收藏存放服装时要做到保持清洁、保持干燥、防止虫蛀、保护衣形等要点。

对棉、毛、丝、化纤不同质料的服装要分类存放。对外衣外裤、防寒服、工作服等用途不同的服装也要分类存放。对不同颜色的服装也要分类存放,这样不仅能防止相互污染及串色,同时也便于使用和管理。

为此可采取如下措施:

(1) 选合适的地点或位置。收藏存放服装应选择通风干燥处,避开多潮湿和有挥发性气体的地方,设法降低空气湿度,防止异味气体污染服装。

（2）服装在收藏存放前要晾干，不可把没干透的服装进行收藏存放，这不仅会影响服装自身的收藏效果，同时也会降低整个服装收藏存放空间的干度。

（3）服装在收藏存放期间，要适当地进行通风和晾晒。尤其是在伏天和多雨的潮湿季节，更要经常通风和晾晒。晾晒不仅能使服装干燥，同时还能起到杀菌作用，防止服装受潮发霉。

（4）在湿度较大的收藏间存放高档服装时，为了确保服装不受潮发霉，可用防潮剂防潮。用干净的白纱布制成小袋，装入块状的氯化钙（$CaCl_2$）封口。把制成的氯化钙防潮袋放在衣柜里（勿将防潮袋与服装接触），这样就可以降低衣柜中的湿度，从而达到保干的目的。当防潮袋中的氯化钙由块状变成粉末时，就证明防潮袋中的氯化钙已经失效，要及时进行更换。要经常对防潮袋进行检查。

3. 衣服的折叠方式

（1）睡衣的叠放

叠睡衣前，睡衣不用扣纽扣，上衣和裤子要叠放在一起，以便于存取。

上衣不扣纽扣，前身朝上摊开。竖起领子，抻平褶皱。根据旋转场所的宽度，左侧重叠到前身，把袖子折叠回来。相对应的一侧也同样如此，并将袖子折叠回来，注意左右均等。

按裤子的中线重叠起来。抻平褶皱，从裤脚处向上对折。再对折一次，成为最初裤长的四分之一长度。

将折好的裤子放在上衣上。上衣从衣服的下摆开始对折，把裤子包在里面。

（2）贴身短裤、袜子、长筒丝袜的叠放

贴身短裤利用腰身的橡皮筋固定，叠成小四方形。根据宽度折叠两次，根据裤长也同样折叠两次，把底边塞入腰身的橡皮筋内，占地不大，而且易抽取。

打结的长筒丝袜不好存放,应仔细叠起来,既不易损坏袜子,又存取方便。

a) 将两只袜子重叠到一起,对折。

b) 进一步对折,成为原来的四分之一长度。

c) 将腰身的橡皮筋部分翻过来,包住袜身。

(3) 衬裙、贴身短内衣的叠放

质地光滑的衬裙,较难整理,将蕾丝花边和肩带折叠到里面,使其变小,集中到一起。

a) 将正面朝上摊开,底边对齐,抻直肩带和褶皱。

b) 握住肩带,轻轻地与下摆合并,对折。

c) 将下摆和肩带一起向上对折。

d) 为了不损坏下摆的蕾丝花边,再一次从上方开始对折。

e) 接着横向对折,将折叠的边缘朝下放置。

f) 再横折一次后完成。

贴身短内衣:将两件套集中到一起折叠。折叠时,将精致的花边部分放入内侧,折叠成四方形。

(4) 胸罩、女用短裤的叠放

将左右罩杯重叠,用肩带系住。朝同一方向并列放置,不仅会增加收藏量,而且容易取出。

a) 解开挂扣,正面朝向下,将两侧罩杯旁的挂钩部分深深的重叠在一起。

b) 从中间对折,将右罩杯嵌入到左罩杯中,肩带悬挂在手背上。

c) 将手背上的肩带顺势套在罩杯上。

d) 折好后的大小基本一致,朝同一方向放置,可节省空间,排列整齐。

女用短裤叠小一点,利用腰身的橡皮带固定短裤。

a) 对齐腰部,正面向上放置,从左侧大约三分之一处开始折叠。

b) 将右面部分向左侧折叠,使其接近长方形。

c) 从腰身的部分开始,取全长的大约三分之一处向内侧折叠。

d) 再折一次,并放入腰身的橡皮带内。

e) 抻平中间的褶皱。

(5) 裤裙、西服裤的叠放

可以根据接缝叠裤裙。在折叠处放入缓冲物,轻轻地叠起来,可以避免产生褶皱。

a) 拉上拉链,扣上纽扣,正面朝上放置,抻开褶皱。

b) 将正面作为内侧,从臀线的中间开始对折。

c) 下裆突出的部分向内侧折叠,将整个裤裙整理成梯形。

d) 在折叠处放入保鲜膜的芯(用毛巾卷成棒状也可以)作为缓冲物。

e) 利用保鲜膜的芯,不易产生折痕。

将两条裤子搭在一起折叠是关键,将两条西裤按照裤线折叠,一条按照中线折叠,并将两条为一组,相互缓冲,防止了褶皱的产生。

a) 将分别按裤线和中线折叠的两条西裤,在裤的中间相互错开重叠放置。

b) 将下面放置的西裤向中间折回。

c) 另一条西裤也向中间折回,两条裤子相互交错重叠。

d) 每两条裤子为一组搭到一起,可以避免产生折痕。

(6) 夏装、短裤的叠放

(a) 将夏装 A 字裙的宽阔下摆向里折成四方形,将肩带和宽阔的下摆顺次向里折回,折成四方形,长度和宽度可根据放置的场所进行调节。

(b) 对于短裤来讲,横着的折痕很不好看。所以折叠时,应想方设法避免产生折痕。在折叠时,若放入缓冲物,就不易产生褶皱了。

(7) 背心、马甲、连帽衫的叠放

(a) 竖起对折马甲,正面就不会产生折痕。而将里子翻出,把正面包裹起来,可以防止弄脏。

(b) 连帽衫应尽量避免使连帽部分产生褶皱。因此,首先将兜帽向里折叠是关键,之后,再向前折叠。

(8) 毛衣的叠放

结合放置的场所,改变叠衣的方法。一定要在平整的地方叠毛衣,根据毛衣摆放的位置,调整毛衣的宽度,还要控制毛衣叠好后的厚度。

a) 后身向上放置,将两个袖子向内侧折叠。使袖子保持水平。

b) 将毛衣的两侧向后身折起,宽度会减少一半。

c) 一边注意袖子的部分,一边从距下摆的三分之一处向上折一次。

d) 再折一次就完成了,根据放置的位置,对折两次也可以。

(9) 开领短袖衬衫、对襟衣物的叠放

开领短袖衬衫,应尽量避免领子和胸前出现褶皱。领子坚硬的,将领子竖起之后,进行折叠;领子柔软的,将领子如穿着时那样整理,解开纽扣折叠。

a) 将后身朝上,抻开褶皱,结合摆放场所的宽度,将左侧和袖子向上折叠。

b) 右侧的叠法相同。注意要让左右折叠的宽度相等。将衣服从下摆开始向上对折。

c) 衣服过长时,先将下摆稍微折叠一下,再对折。

d) 翻过来将前身向上放置,整理形状。如果重叠放置,衣领也会变得整齐。

对襟衣物不必扣纽扣,将衣物正面朝上,即使不系纽扣也可以很好的折叠。若将前身有扣眼儿的一侧叠放于带纽扣的一侧上,不仅叠起来会容易些,而且可以保护纽扣。

　　a) 将带有纽扣眼儿的一侧放置在上面,抻开褶皱,并结合摆放位置的宽度,将衣服的左侧叠起。

　　b) 将袖子折回。右侧也是同样。这时要注意使左右折叠的宽度均等。

　　c) 从下摆开始向上折回约三分之一的长度。结合放置场所调整折叠方法。

　　(10) T恤衫、衬衫的叠放

　　(a) 将T恤衫紧密地叠起的关键是避免褶皱,衣领子的周围不要有抓痕。把衣物向后折叠,根据放置场所的大小,决定最终的宽度。将两端折叠,再对折一次或两次都可以。

　　(b) 衬衫准备好衬纸,与T恤衫的叠法基本相同。如果确定了摆放的位置,就可以根据位置的大小,确定衬纸的尺寸。在领口放入衬垫物,可将上下两件衬衫交错放置,保持厚度一致,收藏量也会提高。

chapter 3 >>

第三章
饮食生活

　　饮食生活是包括一系列选择食物口味、营养、烹调、进食方式的总和,不仅具有个人营养、成长与健康的生理意义,且具有广泛而深刻的社会文化意义。不同的民族、文化背景、社会环境的人,具有其独特的饮食方式,随着社会发展,饮食形态虽然可能改变,但人终究无法脱离食物,或某种形态的食物而生存。

■ 第一节　吃出健康

　　我们的身体究竟需要哪些营养呢? 而这些营养又各自扮演什么角色呢? 就让我们来认识营养家族吧。

一、认识六大营养家族

家族种类	功　能	食物来源
家族一糖类	● 身体基本热量来源,每 1 克可产生 4 卡热量。 ● 家族成员中的纤维素可帮助肠胃的蠕动。 ● 可促进脂肪在体内新陈代谢。 ● 可转变为脂肪。	米、饭、面条、馒头、玉米、马铃薯、番薯、芋头、甘蔗、蜂蜜、果酱等。
家族二脂肪（质）	● 负责保护体内各重要的器官。 ● 促进脂性维生素之吸收。 ● 每 1 克可产生 9 卡热量。 ● 油脂可增加食物香味及饱腹感。	玉米油、大豆油、花生油、猪油、牛油、奶油、人造奶油、香油等。

家族种类	功　　能	食物来源
家族三蛋白质	● 构成与修补身体组织。 ● 形成抗体,增加身体抵抗力。 ● 调节身体机能,如平衡体内酸碱值。 ● 身体重要成分的组成,如荷尔蒙。 ● 每1克可产生4卡热量。	奶类、肉类、鱼类、豆类及豆制品、内脏类、全谷类等。
家族四矿物质	● 磷:牙齿与骨骼的主要成分。 ● 钙:骨骼的继续成长与牙齿的形成少不了它。	除油脂类食物外,一般食物含有矿物质,但主要来源为蔬菜、水果、奶类、红色肉类、蛋黄等。
家族五维生素(该家族分为两个派系)	水溶性派系为C、B_1、B_2、烟碱酸、叶酸、B_6、B_{12}。 ● C——构成软骨、结缔组织与细胞间质,并帮助伤口之愈合。 ● B_1——促进糖类之代谢,及保护神经组织。 ● B_2——促进蛋白质代谢,及保护皮肤与视觉组织。 ● 烟碱酸——促进糖类、蛋白质与脂肪之代谢。 ● 叶酸、B_6 与 B_{12}——能维持红血球、神经系统的正常运作。 脂溶性派系为 A、D、E、K ● A——能维持视觉功能。 ● D——能促进身体对钙、磷的吸收。 ● E——具有抗氧化作用,保护细胞膜与组织。 ● K——可促进血液凝结。	各种蔬菜、水果及乳类或乳制品。
家族六水	● 家族背景单纯,可是却担任不可忽视的角色,就是作为溶剂,并参与身体中许多重要的反应。	各类食物中所含的水分及饮用水。

二、均衡的营养

饮食均衡:即指面对繁多的食物,我们须从六大类基本食物中,选择每日所需的种类及分量。

没有一种食物可以具备人体需要的所有营养素。因此,如何在日常饮食中摄取我们所需要的营养,维持身体健康呢?

(1) 每天都应摄取适量的六大类食物。

(2) 营养素提供一天总热量的情形,最好是:糖 58%～68%、蛋白质 12%～13%,其中动物性蛋白质应占 1/3 以上、脂肪 30%。

(3) 每类食物的选择应经常变换,食物以新鲜为原则。

(4) 每日的蔬菜类中,至少要有一碟是深绿或深黄色蔬菜。

(5) 烹调时最好使用植物油,并注意用量不可太多。

日常食物热量分类表

食物类别	低热量食物	中热量食物	高热量食物
五谷根茎类及其制品	冬粉	米饭、吐司、馒头、面条、小餐包、玉米、苏打饼干、高纤饼干、清蛋糕、芋头、番薯、马铃薯、早餐谷类、爆玉米花(不加奶油)	起酥面包、菠萝面包、奶酥面包、油条、丹麦酥饼、夹心饼干、小西点、鲜奶油蛋糕、派、爆玉米花、甜芋泥、炸甜薯、薯条、八宝饭、八宝粥
奶类	脱脂奶	全脂奶、调味奶、酸奶(凝态)、酸奶(液态)	奶昔、炼乳、养乐多、奶酪
肉类蛋类	鱼肉(背部)、海蜇皮、海参、虾、乌贼、蛋白	瘦肉、去皮之家禽肉、鸡翅膀、猪肾、鱼丸、贡丸、全蛋	肥肉、夹心肉、牛腩、肠子、鱼肚、肉酱罐头、油渍鱼罐头、香肠、火腿、肉松、鱼松、炸鸡、盐酥鸡、热狗、蛋黄
豆类	豆腐、豆浆(加糖)、黄豆干	甜豆花、咸豆花	油豆腐、油豆腐泡、炸臭豆腐、面籭
蔬菜类	各种新鲜蔬菜及菜干	皇帝豆	炸蚕豆、炸豌豆、炸蔬菜
水果类	新鲜的水果	纯果汁(未加糖)	果汁饮料、水果罐头

食物类别	低热量食物	中热量食物	高热量食物
油脂类	低热量色拉酱		油、奶油、色拉酱、培根、花生酱
饮料类	白开水、矿泉水、低热量可乐、低热量汽水		一般汽水、果汁汽水、可乐、沙士、可可、运动饮料、各式加糖饮料
调味蘸料	盐、酱油、白醋、姜、蒜、胡椒、五香粉、芥末		糖、西红柿酱、沙茶酱、香油、蛋黄酱、果酱
甜点	未加太多糖的果冻、仙草、爱玉、木耳	粉圆	糖果、巧克力、冰淇淋、棒冰、甜筒、冰淇淋麻薯、冰淇淋蛋糕、甜甜圈、酥皮点心、布丁
零食		牛肉干、鱿鱼丝	豆干条、花生、瓜子、腰果、开心果、杏仁、土豆片、蚕豆酥、各式油炸制品、蜜饯
快餐常见餐点		方便面(不放油包)、饭团(不放油条)、三明治(不加色拉酱)、水饺	蛋饼、水煎包、锅贴、炒饭、油饭、方便面、汉堡

附注:以一般供应分量计算。

三、如何安排健康的饮食

1. 维持理想体重

体重与健康有密切的关系,体重过重容易引起糖尿病、高血压和心血管疾病等慢性病;体重过轻会使抵抗力降低,容易感染疾病。维持理想体重是维护身体健康的基础。想要维持理想体重,建立良好的饮食习惯及有规律的运动是最佳的途径。

2. 均衡摄食各类食物

没有一种食物含有人体需要的所有营养素,为了使身体能够充分获得各种营养素,必须均衡摄食各类食物,不可偏食。每天都应摄取五谷根茎类、奶类、蛋豆鱼肉类、蔬菜类、水果类及油脂类的食物。食物的选用,以多选用新鲜食物为原则。

3. 三餐以五谷为主食

米、面等谷类食品含有丰富淀粉及多种必需营养素,是人体最理想的热量来源,应作为三餐的主食。为避免从饮食中食入过多的油脂,应维持以谷类为主食的传统饮食习惯。

4. 尽量选用高纤维的食物

含有丰富纤维质的食物可预防及改善便秘,并且可以减少患大肠癌的概率;亦可降低血胆固醇,有助于预防心血管疾病。食用植物性食物是获得纤维质的最佳方法,含丰富纤维质的食物有:豆类、蔬菜类、水果类及糙米、全麦制品、番薯等五谷根茎类。

5. 少油、少盐、少糖的饮食原则

高脂肪饮食与肥胖、脂肪肝、心血管疾病及某些癌症有密切的关系。饱和脂肪及胆固醇含量高的饮食更是造成心血管疾病的主要因素之一。平时应少吃肥肉、五花肉、肉臊、香肠、核果类、油酥类点心及高油脂零食等脂肪含量高的食物,日常也应少吃内脏和蛋黄、鱼卵等胆固醇含量高的食物。烹调时应尽量少用油,且多用蒸、煮、煎、炒代替油炸的方式,可减少油脂的用量。食盐的主要成分是钠,经常摄取高钠食物容易患高血压。烹调应少用盐及含有大量食盐或钠的调味品,如:味精、酱油及各式调味酱;少吃腌渍品及调味浓重的零食或加工食品。糖除了提供热量外几乎不含什么其他营养素,又易引起蛀牙及肥胖,应尽量减少食用。通常中西式糕饼不仅多糖也多油,更应节制食用。

6. 多摄取钙质丰富的食物

钙是构成骨骼及牙齿的主要成分,摄取足够的钙质,可促进正常的生长发育,并预防骨质疏松症。国人的饮食习惯,钙质摄取量大多不足,宜多摄取钙质丰富的食物。牛奶含丰富的钙质,且最易被人体吸收,每天至少饮用一至二杯。其他含钙质较多的食物有奶制品、小鱼干、豆制品和深绿色蔬菜等。

7. 多喝白开水

水是维持生命的必要物质,可以调节体温、帮助消化吸收、运送养分、预防及改善便秘等。每天应摄取约 6～8 杯的水。白开水是人体最健康、最经济的水分来源,应养成喝白开水的习惯。市售饮料常含高糖分,经常饮用不利于理想体重及血脂肪的控制。

食谱设计范例

餐别	食物		菜单	重量	蛋白质	脂肪	糖
	类别	份数	名称(材料)	(克)	(克)	(克)	(克)
早餐	主食类	4	馒头	200	8	—	60
	奶类	1	牛奶	240	8	10	12
	肉类	1	煎蛋(鸡蛋)	50	7	5	—
	油脂类	4	(油)	20	—	20	—
午餐	主食类	4	米饭	200	8	—	60
	肉类	1	牛肉烧胡萝卜(牛肉)	30	7	5	—
	乙种蔬菜	1	(胡萝卜)	100	2	—	7
	肉类	1	白菜豆腐(豆腐)	100	7	5	—
	甲种蔬菜	1	(白菜)	100	—	—	—
	油脂类	2	油	10	—	10	—
	水果类	2	橘子	200	—	—	20

续表

餐别	食 物		菜 单	重量	蛋白质	脂肪	糖
	类 别	份数	名称(材料)	(克)	(克)	(克)	(克)
晚 餐	主食类	4	米饭	200	8	—	60
	肉类	1	清蒸	30	7	5	
			肉丝炒菠菜				
	肉类	1	(瘦肉)	30	7	5	—
	甲种蔬菜	1	(菠菜)	100	—	—	
	油脂类	4	油	20	—	20	
	水果类	1	木瓜	100	—	—	10

合计总热量为 1 957 卡。

ℓ 降低热量的烹调原则

a) 少用油、糖及含油、糖多的材料。

b) 把有限的油、糖或含油、糖量高的材料分配到较需要的餐点上。

c) 材料分量要计算正确。

d) 使用合适的烹调用具。

e) 用蒸、煮、烤、烙等烹调法代替煎、炸、炒、烩。

f) 选材不要太精致(如只用精白米、嫩菜叶等)。

g) 避免使用半成品(如各种饺类、丸子、炸物等),尽量自制。

h) 烹调前去掉皮、肥肉等,烹调后滤净油分。

i) 当菜肴里有油时,少用含油的材料及做法(如勾芡等)。

j) 多用热量低的材料增加分量,以提供饱足感。

k) 多试用新材料,找出最好的代替品。

l) 避免食物单调无味。

ℓ 降低热量的烹调示范(附表)

餐点名称	原　做　法	新　做　法
菠萝炒饭	用油炒饭,加罐凤梨汁、香肠、肉松等。	饭先煮熟,加调味料和新鲜菠萝丁、各种海鲜、蔬菜等焖熟。
火锅	用高汤或麻辣油汤煮各种火锅饺、火锅肉片、丸子、鱼浆制品、油炸芋头等;用沙茶酱和蛋黄等调制蘸料。	用去油清汤煮鲜虾、花枝、瘦肉片、脆鱼丸及白年糕、冬粉等主食和多量蔬菜;将葱姜蒜、香菜、辣椒等切碎,加酱油调成蘸料。
黑胡椒牛排	牛排用油煎,再淋上用奶油、面粉、肉油汁等调制的胡椒酱。	牛排用洋葱末、西红柿末、黑胡椒、酱油等略腌,再用小烤箱高温烤好,撒些碎九层塔。
饺子	猪肉饺子用带肥的猪绞肉做馅,牛肉饺子中也加有五花猪绞肉;食用时常会蘸香油。	用低脂绞肉加多量青菜及香菇、虾米等;食用时蘸酱油、大蒜、醋等。
青菜	多数青菜用油炒,即使用烫的,也会再淋不少猪油。	能生吃或腌泡的青菜,尽量不要炒,例如:小黄瓜、大头菜、莴菜心、白菜。
梅干扣肉	五花肉炸过切片,加用油炒过的碎梅干菜一起焖。	鸡肉去皮切片,加少许太白粉拌一下,和用少许油炒过的碎梅干菜一起蒸。
色拉酱	主要材料为色拉油。	以太白粉加水煮糊,加入一些西红柿酱、胡椒粉,或以优格调醋,或利用蒸熟地瓜、马铃薯泥拌优格,均可代替油。
茶冻	茶汁泡好,加明胶汁和糖煮化,冷藏凝结。	改用代糖。

■ 第二节　食物的选择与存储

一、食物的选择

1. 五谷类的选择

1) 米的选择

(1) 米粒形状大小均匀,饱满而质坚者为好米。

（2）带有霉味或已长霉者不宜购食。

（3）不要选择太精白的米，选择胚芽米或糙米，营养较丰富。

2）面粉的选择

（1）购买面粉时，注意其颜色，看是否有杂质，干爽无霉味者为新鲜品。

（2）面粉愈白，所含维他命 B 群量越低，所以选择全麦面粉营养较丰富。

（3）买面粉制成的食品，如馒头、蛋糕、面包应择当日做好出炉的为佳。

2. 肉类的选择

1）猪肉的选择

（1）应选购肉质结实而不硬的，有弹性有光泽。

（2）瘦肉呈粉红色，肥肉部分肥厚而洁白，肉上无肉瘤或白色小颗粒状，无腥臭味。

（3）猪肝：色泽呈淡红色，质细嫩而有弹性，无缩皱或灌水状，筋少无斑点的为佳。

（4）猪肚：宜选购呈白色而稍带浅黄色，胃壁肉厚实，表面光亮，无积水的为上品。

（5）选择适合所做菜肴的材料。

猪体各部分的切割与使用

猪体部分	适合使用的烹调方法	猪体部分	适合使用的烹调方法
夹心肉	红烧、白煮、炒、烤（中排、煮汤）	后腿肉	红烧、炒、煮、煎、蒸
肩胛肉		五花肉	红烧、炒、煮、煎、腌、炸、烤
里肌肉	煎、炸、炒（粗排：煮汤；小排：红烧、炸）	大腿肉	红烧、白煮
背脊肉			

2) 牛肉的选择

(1) 瘦肉颜色鲜红,肉质细嫩有弹性,表面柔滑有光泽。脂肪部分,黄牛呈乳黄色。

(2) 牛肉骨头若呈粉红色,则其肉质细嫩,烹煮容易熟烂。若骨头硬且呈灰白色,为老牛,肉质粗糙且硬,不易烧烂。

(3) 选择适合所做菜肴的材料。

牛体各部分的切割与使用

牛体部分	适合使用的烹调方法	牛体部分	适合使用的烹调方法
脖子肉	炒、煮汤	大里肌	炖、煮(火锅料)
肩头肉	煮(火锅料)	肩膀肉	煮(火锅料)
肋骨肉	烤、煮(火锅料)、涮	外大腿肉	炖
牛腰肉、里肌肉	煎(牛排)	牛腩、牛腱	卤
后腿肉	煮、熬汤		

3) 家禽的选择

家禽类肌肉纤维较家畜肉类细嫩,脂肪含量低,所以容易消化。

(1) 活的

a) 鸡冠要红挺,眼珠明亮灵活。

b) 胸腹部以手触摸,光滑、结实、肉质厚者为佳。

c) 翅膀打开后,放回马上恢复原位。

d) 脚皮粗硬者为老的家禽。

e) 羽毛要有光彩,鸭鹅注意细毛不要太多,否则不易处理干净。

f) 肛门处有灰白的黏液则为有病畜。

(2) 杀好的

a) 新鲜的肉皮呈浅黄色,血迹未干。

b) 表皮如呈青色或发红,且肛门呈褐色有黏液、眼球污浊的,不要购买。

c) 注意有无泡水,泡水的水气多,肉质浮肿,不要购买。

3. 海鲜类的选择

鱼类:鱼鳃呈鲜红且坚硬,眼珠饱满透明光亮,鱼身坚硬闪亮,腹软,鱼鳞紧贴鱼身不易脱落,无腥臭味,而有海藻的气味。

虾类:色泽以暗绿色有自然光泽,虾壳明亮干净,头壳与虾身不易分离,无腥臭味,身体呈弯曲状者为上品。

蟹类:背壳呈青褐色,结实厚重,肢体完整,两目突出,腹部细毛呈白色的较好。若能选购以草绳绑住的活蟹最佳。

乌贼或花枝:肉厚结实,色白,外膜完整,无腥臭味,无墨汁跑出者为最好。

海参:肉厚结实硬挺,肉身整齐的为佳,黑海参则选肉厚、刺多为佳。

4. 蛋、奶类

(1) 蛋类

a) 蛋的形状较圆者,蛋黄较多。

b) 蛋壳愈粗糙愈新鲜。

c) 蛋的气室愈大质量差,此乃不新鲜的蛋,因水分的蒸发,气室增大之故。

d) 把蛋放入 6% 的盐水中,立刻沉底者为好的蛋。

e) 将蛋壳打开,蛋液放在平板上,蛋黄愈凸出且在中间者较新鲜。

f) 蛋白较浓厚,黏性较大者为新鲜蛋。

g) 蛋黄带有血丝,表示为孵过的蛋。

h) 蛋壳破损,会有细菌侵入滋长,不宜购买。

(2) 奶类

a) 牛奶种类分为鲜奶、奶粉(指全脂或脱脂奶粉)、蒸发奶(包括奶水及炼奶)。

b) 鲜奶之牛奶,含有微甜的乳香味,而无酸臭味。

c) 鲜奶应为乳白色或浅黄色,绝无沉淀物。

d) 若将鲜奶滴落于指甲上,应呈球形,如荷叶上之水珠。

e) 购买奶制品,一定要注意制造日期、有效日期及贮存温度。

f) 购买奶粉先查看罐上制造日期,半年内最佳,最多不超过一年。

g) 奶粉呈乳黄色有光泽,粉粒大小一致,不结块,有芳香味者。

5. 蔬菜的选择

蔬菜种类很多,可包括植物的各部位,有花、叶、果、茎、根、球茎、块茎以及种子。其选择要注意:

叶菜类:以叶子为主的菜,如菠菜、小白菜、芥蓝菜、芥菜等应选叶子鲜绿肥嫩,叶面光滑有光泽,肥厚有水分者。

果菜类:如茄子、黄瓜、冬瓜等应选饱满光滑,结实无皱纹,色泽鲜丽无斑点,瓜蒂不干枯或脱落。

根菜类:如萝卜、胡萝卜,须选表皮有光泽,细嫩不缩皱,水分多、须根少的,粗细均匀,用手弹敲具结实感。

茎菜类:如笋宜选矮壮形,笋尖不张开,切口处纤维细嫩,水分多为佳。马铃薯宜选外皮无损伤,坚实光滑,不缩皱柔软,不发芽,不呈绿色者为好。莲藕选无斑点不腐烂,白质水嫩为佳。芦笋应选茎部细嫩,表皮无纤维者。

花菜类:如花椰菜、西兰花应选购色泽鲜明,干净无虫咬或黑色斑点,菜花紧密连在一起的为佳。

6. 水果类的选择

一般水果选择,应注意下列各点:

(1) 选择完整而有鲜艳的色泽。

(2) 购买合时令且本地生产的水果,价格较便宜,营养素含量亦丰富。

(3) 避免选择成熟过度或不熟之水果。

(4) 同样大小,以手拿,较重者为佳。

几种常见水果之选择方法:

a) 香蕉

当日食用的香蕉,必须选择形状肥满成熟,表皮颜色为鲜黄或微红,带些棕褐色的斑点。若香蕉尖端有绿色,或是香味不足,表示尚未成熟;而外皮受损,颜色过暗,蕉肉过软则表示过度成熟,两者均不适宜购买。

b) 橘子、橙子

以沉重、颜色鲜美、皮薄有香气者为佳。

c) 葡萄

在选择时应注意是否有腐烂、潮湿、裂口等现象,好的葡萄应该是色艳光亮,果实饱满结实,柄蒂亦结实相连。

d) 瓜果类

如西瓜、香瓜、苹果、水梨等要坚实,表皮有光泽,以手弹有清脆音响者为佳;西瓜切开后,时间过久,瓜肉易变软变味,不可食用。

e) 桃子

桃肉要结实,但不要选择颜色太青绿。桃的表面只要有一些溃烂的黑影,就有全部腐烂的可能,故新鲜的桃,买回来应放置于较阴凉干燥处。

f) 菠萝

其成熟时,颜色鲜黄、气味芳香,以手轻弹应有与弹手臂的声音相同且越重者越好。熟透了的菠萝会有黑晕及酒酸味,不宜购买。

7. 其他食物的选择

a) 干货——如香菇、虾米等食品,要注意是否干燥,有无霉味。

b) 食用油应选新鲜、颜色明澄、有自然芳香味、无浑浊、无沉淀物者。

c) 糖类则应选包装良好,制造日期愈接近购买日期愈好。

d) 盐类也应选择有包装者,但避免置于金属容器,颗粒细小洁白的晶体为佳。

e) 罐头食品应标示制造日期,质量好的罐头,两底微向内凹,周身完整无生锈,用手指轻弹声音结实,若罐头底部向外凸出、膨罐或凹陷不平,则表示罐内食物已变质,不宜食用。

二、食物的采购

1. 采购时应具有的经济原则

a) 为达到物美价廉的目的,必须不厌其烦地挑选。

b) 随时注意食物生产季节,以增加购买的常识。

c) 不要贪便宜,应先比较价钱、质量、分量,再作选择。

d) 购买水果、蔬菜以适时的为宜,尚未成熟的蔬果可能含有毒素且价格又高;而过时腐烂的易有细菌滋生。

e) 不可购买过量,以免增加携带、贮存的麻烦或造成浪费。

f) 买菜时,应多与其他主妇交换购买的意见。

g) 尽量避免在节日购买大量食物,年节的时候,采购的人多,东西又贵。

h) 自己如有交通工具,可至大市场或果菜市场采购,以减少家庭开支。

2. 采购食物时应注意的事项

a) 买菜时应多变换菜样,以促进食欲,并可获取多种营养素。

b) 应有食物的营养常识,随时比较食物的营养价值与价格。

c) 应明了食物的时价,亦应明了食物价格涨落的原因。

d) 食物需用数量应判断准确,以免过剩或不够。

e) 须注意菜市场或贩卖商的卫生情形。

f) 需明了政府制定之度量衡标准,每次买菜时需注意,以免受骗。

g) 买罐头食品时,应注意不可有凹罐、凸罐之现象。

三、食物的贮存

1. 室温储存法

a) 五谷类、奶粉、白糖、植物油,可放在室温,但储存食物盛器的盖子必须盖紧,且应避免阳光直射,或太潮湿处。

b) 罐头食品,应保存在较低温的地方。

c) 根茎类的蔬菜,可放在屋内较暗冷的地方,但只能存放一星期。

d) 柑橘类水果,可在室温内、通风阴凉处储放一星期。

e) 香蕉和未熟的水果,可在室温温度继续成熟。

2. 冰箱冷藏

a) 蛋白质食物如肉、鱼最易腐坏,应放冰箱内最冷的部位冷藏。

b) 肉类储存时,应包在塑料袋内;若是一大块肉,且一次烹调不了的,要分小块包装储藏,但最好24小时内烹煮食用。

c) 熏肉、腌肉火腿亦应该放在冰箱冷藏。

d) 蔬菜类欲放冰箱冷藏,先除去尘土(但不要洗涤),用报纸包裹,塑料袋包装好,置于冷藏室的蔬果盒中,并尽早烹煮。

e) 不论生食或熟食欲放冰箱内冷藏,应密封包装或用保鲜盒装好。

f) 蛋放冰箱冷藏库时将尖端朝下存放。

3. 加热法

a) 加热法是常见的食品保存法。因细菌在60 ℃以上均会死亡,尤其是肉类。一旦煮熟后,里面的蛋白质成分会凝结,霉菌根本不能生存。

b) 加热法只能维持短期的防腐。煮熟的食物,如果没有适当的处理,与空气隔绝,仍会再度聚集新霉菌。

■ 第三节　饮食安全

一、食品卫生

饮食是维持个体生存的必要活动,食物不但提供营养素,食物的质量也关系着个体的健康。腐败的、受污染的、不清洁的或制作不良的食物进入身体以后,可能引起立即性或长期性的健康损害,甚至导致死亡。为了避免"病从口入",必须深入探讨食品安全的相关问题。

食品卫生不良引起的疾病可以分为四大类:

1. 经口传染的疾病

霍乱、伤寒、痢疾、小儿麻痹及病毒性肝炎等传染病,可经由受到污染的水或食物,由口食入。

2. 经口传染的寄生虫病

人类寄生虫病中经口感染的主要有蛔虫症、绦虫症、蛲虫症、肝吸虫症、旋毛虫症等。各种寄生虫病感染人体的途径虽不相同,但是由口感染的寄生虫病多数由于粪便污染了蔬菜,生食或吃未煮熟的肉、个人卫生习惯较差所引起的。

3. 以食物为媒介的人和动物之共同传染病

大约有 100 种以上的疾病是人和动物所共有的,其中约有 30 种可经肉、蛋、奶等食物而由动物传给人,最重要的为炭疽病、普鲁斯热病、丹毒、结核病。除特殊职业的人由于接触患病动物而感染外,一般人多是因食入受感染动物的肉、乳汁或蛋而被感染。

4. 食物中毒

食物中毒多指因摄取食物所发生的急性健康损害。此类将在"食物中毒"详细说明。

二、食物中毒

所谓"食物中毒",是指摄食含有大量中毒的致病菌、毒素或化学物质的食物,而发生身体不适的症状。通常,以消化系统或神经系统的障碍为主,最常见的为头晕、头痛、呕吐、腹痛、腹泻或伴随发烧等症状。

日常发生的食物中毒具有以下的特性:

(1) 潜伏期短。

(2) 急性肠胃炎。

(3) 中毒之发生与进食某种食物有密切关系。

(4) 没有传染性。

不过,除了引起急性肠胃炎的食物中毒之外,也有些毒素或有害物质是在长期累积于人体之后,才引起人体器官、系统方面功能的障碍,或有致癌性,但由于是慢性中毒,因此经常被我们所疏忽。

食物中毒的分类

中毒原因	致病来源		主 要 污 染 途 径
细菌型食物中毒	感染型	肠炎弧菌	本菌喜欢生长在有盐的地方(如海水),主要是污染海鲜食品,或因此间接污染其他食物。
		沙门氏菌	本菌分布范围广泛,尤其动物肠道内特别多,可因此而直接污染,或经由鼠类、昆虫污染食物,间接引起人的中毒。
	毒素	金黄色葡萄球菌	居细菌性食物中毒之首。本菌分布广泛,一旦污染到食物,在适合生长环境即大量繁殖产生肠毒素。主要的污染来源为烹调者手上的化脓伤口。
中毒	毒素型	肉毒杆菌	此菌厌氧、不耐酸,大多存在于低酸性而杀菌不完全的罐头食品中。由于产生的毒素毒性强(属神经性毒),甚至会导致死亡,须特别小心。

中毒原因	致病来源	主 要 污 染 途 径
化学性食物中毒	违法使用食品添加物	有些不法商人为节省制造成本,违法使用添加物,如制作鱼丸时加入硼砂,或是以工业用添加物取代食品添加物;此外,有些传统家庭食品加工添加物已遭禁用,而使用者却不自知,如在香肠中加入硝。
	非有意添加物造成中毒	如动植物于生长过程中,使用农药和其他药剂,如果过量或提早采收、屠宰,皆有可能影响摄取者的健康。此外,食品加工过程中,接触的容器与包装,遇热析出有毒物,如铅、镉,亦会造成污染。
	环境污染间接引起中毒	通常为工厂排放有毒物质,污染了水源或土壤,影响动、植物的生长,当人摄食这些污染的食物原料后,自然会妨害健康。
霉菌毒素食物中毒		许多霉菌会在壳类、豆类及其他食物生长或购存不当时产生毒素,而引起食用者慢性中毒,危害内脏功能、神经及造血功能,甚至有致癌性。常见的此类毒素有黄曲霉素、麦角毒素等。
天然毒素食物中毒		自然界中有些动物(如河豚、西施舌、某些热带鱼等)、植物(如不明的蕈类)本身即有毒性,或是生长的某个时期会产生毒素(如发芽的马铃薯产生茄灵素),误食的话,皆会引起中毒。

以防食物中毒的原则:

(1) 良好的个人卫生习惯

良好的个人卫生习惯包括饭前,便后,处理食物前先洗手,处理食物时不抓头、挖鼻孔、擦嘴巴或咳嗽,保持指甲的清洁等。这些虽然都是很平常的卫生习惯,但若能做到,就能减少多种寄生虫病和细菌性食物中毒的发生。

（2）正确的食物处理方式

a）手上有伤口化脓时先包扎、戴手套后才接触食物，或改做不和食物直接接触的工作。

b）注意原料及器皿的选择、清洗及贮存。

c）食物原料及烹调好不立即食用的食物应冷藏；冷藏贮存的食物在食用前先充分加热。

d）使用不同砧板及器具处理生食和熟食；盛装过生食的容器器具在充分洗涤干燥后再盛装熟食。

e）随时保持食物制备场所的清洁卫生，器皿、器具掉落在地上应洗净后再使用。

（3）正确的饮食习惯

a）采用公筷母匙的进餐方式。

b）不以口喂食。

c）不生吃食物（水果及某些蔬菜除外）。

d）注意选择卫生习惯、环境良好的场所进餐。

e）平日的剩饭、剩菜要做妥善处理。

（4）正确的食品消费观念

a）不要因贪便宜而不重质量。

b）不要因噎废食。不要在发现某种食物有问题时，就排斥同类的食物，要懂得选择、查看优良食品证明之标志，如无农药蔬菜、无铅皮蛋、鲜乳、优良冷冻食品、优良肉品标示、不含硼砂的油面等。

c）要理智科学地看待食品检验结果的报道。

（5）详细查看食品标示

自《食品标示法》公布以来，大家查看食品标示的情形逐渐普遍，但查看的范围却局限于制造日期、保存期限，对于优良食品标志、食品添加物

的种类、厂名厂址等却甚少人查看。

三、食品添加物

食品添加物是指食品制造、加工、调配、包装、运送、贮藏等过程中,用以着色、调味、防腐、乳化、增加香味、安定质量、促进发酵、增加稠度、增加营养、防止氧化或其他用途而添加或接触于食品的物质。

人类最初使用食品添加物,是来自传统的经验,如天然的硝、天然的色素,但慢慢地利用化学合成的方法,制造一些与其色、香、味或营养成分相同的物质,以便于食品制造或加工时使用。随着科技的进步,目前使用的食品添加物,有许多是天然食物中不存在的物质,但对食品的制造、加工、贮存过程具有帮助,而且对人体是安全的。

食品添加物的使用目的:

(1) 保持或提高营养价值:在食品加工过程中添加或补充某些营养成分,如高钙奶粉、婴儿配方奶中添加铁等。

(2) 降低成本:为了减少食品的损失,保持食物的新鲜度,使用食品添加物可以降低食物在采收、屠宰、处理、加工与运销中所增加的成本。

(3) 提高食品的保存性:例如制作香肠、火腿时,添加硝酸盐、亚硝酸盐,不仅可以保持肉色鲜红,而且可以防止肉毒杆菌滋生。

(4) 减少食品的热量:对于肥胖、糖尿病或限制热量的患者,人工甘味剂可以减少食品的热量。

(5) 缩短制造加工的时间:如制作蛋糕时,加入膨胀剂可以缩短搅拌、发酵的时间;制作巧克力时,添加乳化剂,可以缩短乳化的时间并改善质量。

(6) 改良食品的风味与外观:例如添加色素、香料、调味料等可以改善食品的风味与外观,也有助于开发新产品。

(7) 购买加工食品时,除了先认清优良食品标签外,尚需注意包装上的成分,食品添加物重量、制造日期、保存期限、制造厂商等标示。

第四节 中餐料理

一、刀工的意义

刀工是厨师的基本技术,厨师在学习烹调之初就必须学习刀工。

何谓刀工? 就是用各种不同的刀法将材料切成特定的形状。刀工技术不仅决定材料的形状,且影响菜肴完成后的色、香、形以及卫生等方面。

施用刀工的意义有下列几点:

(1) 使菜肴易于入味:许多材料,如不经切割,则味道无法透入内部。

(2) 使烹调容易:中国料理有各种烹调方法,为了配合火候烹调,刀工要切得适宜。

(3) 令人赏心悦目:切成整齐、美观形状,不仅赏心悦目,且可增进食欲。

二、刀工的基本要求

(1) 必须使材料粗细,厚薄均一:如果切割材料不均,不仅将因部分材料未熟而损及味道,且会影响卫生。

(2) 切得干净利落勿连起:有似切断又相连的情形时,不仅破坏美观,也影响色、香、味,为使下刀时干净利落应注意下列事项:

a) 刀刃不可有缺口。

b) 砧板须平坦,不得有凹凸不平的情形。

c) 切割时需平均用力,使刀柄前后无轻重之别。

(3) 配合烹调方法:刀工亦须密切配合各菜的特点。

● 中国菜的特色

北京菜(京):炸、熘、爆、烤见长,菜肴脆、嫩、味香而浓。

苏州菜(苏):炖、焖、煨、烧,着重精艺菜肴的制作,味道浓厚,黏融可化,略带甘甜。

四川菜(川):干烧、干炒、鱼香、宫爆著称,味道厚重,其特色为酸辣、麻香。

广东菜(粤):材料繁多,富于变化,形状美而着重于鲜、嫩、爽、滑。

福建菜(闽):清汤、干炸、爆、炸见长,常使用红糟,味浓,略带酸甜。

安徽菜(徽):山珍野味著称,长于烧、炖,着重火候,可发挥材料的原味。

浙江菜(浙):工细,以爆、炒、烩、炸为主,味清爽可口。

湖南菜(湘):熏与腌为主,烹饪法以熏、蒸、干炒为重,味浓而多酸辣。

山东菜(鲁):偏重清汤与奶汤。

(4) 材料的性质和把握刀法处理:依材料的性质,所切的形状也各有异。

(5) 注意各种材料间形状的相互配合:有些菜肴由主材料与副材料构成,此时需注意调和的刀工,一般而言,副材料应随从主材料。

(6) 善加利用材料切勿浪费:用菜刀切配时须控制材料,使大小都符合原则上的应用。

三、刀法种类

1. 直刀法

(1) 直切

操作方法:使菜刀与材料成垂直,由上而下切。

适用材料:竹笋、莴苣等蔬菜及各种脆嫩材料。

形状:条、丁、丝、厚、片、粒。

(2) 推切

操作方法:使菜刀与材料成垂直,由从靠近持刀者向另一方推出。

适用材料:豆腐干、百页等柔软而薄、形状较小且富于弹性的材料。

形状:块、丝。

(3) 拉切

操作方法:

a) 使菜刀与材料成垂直,由靠近持刀者的一方推至另一方。

b) 用力于菜刀前端,拉切至最后。

适用材料:去骨的有弹性材料,如鸡、鸭、猪、牛、羊肉等。

形状:条、丝、块。

(4) 锯切

操作方法:使菜刀与材料成垂直,如拉锯般推前,再往后拉。

适用材料:

a) 较厚而硬,去骨而有弹性的材料,如火腿等。

b) 膨松而易碎的材料,如面包等。

形状:

a) 薄片、块、粒(火腿)。

b) 厚片(面包)。

(5) 铡切

操作方法(有二种刀法,菜刀与材料保持垂直):

a) 左手按住刀锋,使刀刃对准预切位置,同时用双手,按动菜刀,切断材料。

b) 握刀法同 a),但高抬刀柄,尖端落下,由前往后地移动刀身,使刀刃切入材料。

适用材料:

a) 有壳的,或软骨材料,或细而小、有硬骨的材料如蟹类等。

b) 蛋类。

c) 小形而圆、脆嫩的材料,如花椒等。

形状:

a) 段(螃蟹)。

b) 块(蛋类)。

c) 瓣(花椒)。

(6) 滚料切

操作方法:

a) 左手按住材料,使其不断旋转。

b) 右手握刀垂直切下。

适用材料:圆形或椭圆形脆嫩的材料,如萝卜、竹笋等。

形状:滚料块、厚片等。

(7) 直劈

操作方法:

a) 右手举刀,对准落刀位置,用刀劈切。

b) 左手轻按材料,但落刀时须从落刀点放开左手。

适用材料:可用一刀劈断的带骨坚硬材料,如有骨的鸡、鸭、鱼等肉类。

形状:段、块等。

(8) 跟刀劈

操作方法:

a) 刀刃抵住拟切的位置,菜刀与材料同时落下。

b) 右手持刀,左手握材料,双手同时落下。

适用材料:一刀不能劈断的带骨或坚硬材料,如脚爪、蹄髈等。

形状:块。

(9) 拍刀劈

操作方法:

a) 右手持刀,刀刃放在预定切断的位置。

b) 举左手,用力敲拍刀背。

适用材料:圆形或椭圆形,小而滑的材料,如鸡头、鸭头等。

形状:块。

(10) 剁排斩

操作方法:

(a) 双手同时各握一刀,同时操作。

(b) 双刀保持一定的距离,刀尖靠近,手边稍离。

(c) 由左而右,由右而左反复剁切。

适用材料:无骨材料。

形状:茸、末。

2. **平刀法**

(1) 平刀片

操作方法:平放刀身,以一切削切为准。

适用材料:无骨柔软材料如豆腐、豆腐干、肉冻、鸡、鸭血等。

形状:片(条、丝、丁的预备步骤)。

(2) 推刀片

操作方法:平放刀身,切入材料后由靠近持刀者的一方切至另一方。

适用材料:煮熟、柔软、清脆的材料,如熟竹笋、茭白、笋干等。

形状:片(条、丝、丁的预备步骤)。

(3) 拉刀片

操作方法:平放刀身,切入材料后由远离持刀者的一方切至靠近持刀者的这方。

适用材料:去骨的鸡、鸭、猪、牛、羊肉等有弹性的材料。

形状:片(条、丝、丁的预备步骤)。

3. 斜刀法

(1) 正斜片

操作方法:

a) 斜放刀身,刀背外倾,刀刃内倾切入材料。

b) 左手按住预切的位置,切完一次,将刀刃移向内侧,移一次削切一次,每次移动的距离相等。

适用材料:无骨有弹性的材料,如鱼、肉、猪肾脏、鸭肫等。

形状:片。

(2) 反斜片

操作方法:

a) 刀身斜放,刀背内倾,刀刃外倾,切入材料。

b) 用左手按住材料,以中指关节支持刀身,刀身紧贴中指关节,切入材料。

c) 随着切刀进行,以同距离移向一边,每移动一节,切一节,保持均一的移动距离。

适用材料:酥脆易滑的材料,如莴苣、墨鱼等。

形状:片。

四、刀工的基本训练

刀工的基本练习主要针对片、切、斩、剞四项目。剞是一种混合刀法,即采用不同的切和批的刀法,把食料划上各种刀纹(但不切断),经烹调后形成各种花纹和图案。刀工练习的目标在于将烹调材料切成粗细厚薄均一,大小长短相等,刀口干净利落,且操作者的动作迅速无误等。

片、切的基本训练,应从"三丝"——肉丝、榨菜丝、豆腐干丝开始不断练习,软的基本训练可由斩肉膘(斩背脂)、斩排骨、斩肉丁开始,剞的基本训练由剞豆腐干、剞腰花、剞墨鱼开始不断练习。

五、刀的使用和保养

（一）第一类

1. 片刀（薄刀）

重约500克左右，轻而薄，刀刃锐利，钢质坚硬，用于切割精细材料或薄片，不适于切割带骨而坚硬的材料，因此比较容易伤及刀刃。

2. 斩刀（骨刀、厚刀）

重约1 000克以上，刀锋厚，刀锋及刀刃形成三角形，专门切割带骨材料。

3. 前片后斩刀（文武刀）

重约500～1 000克，前方像片刀，后方类似斩刀，范围广，前方可用于切割精细材料或薄片，后方可用于切割带骨材料（但不能切带骨的食物）。

（二）第二类

1. 圆头刀

刀端呈圆形，轻而方便。

2. 方头刀

长方形的刀，刀面广，轻而方便。

3. 马头刀

形如马头，前面大，后面低，刀锋厚，较前二者略重。

菜刀须保持锐利，勿使其生锈变钝，如此才能切出形状整齐、切口利落的菜肴，避免切割不完全而相连在一起的情形发生。

六、切配后的形状

1. 块

无骨材料多用切的刀法，有骨材料则用劈的方法。块的形状颇多，较普遍的有菱形块、大方块、小方块、长方块、滚料块等，依需要与材料的特征而定，在加热时间较长的烧或焖时，可切成大块；加热时间较短的熘、炒时,则切成小块;材料质地膨松脆软的,宜切大块;坚硬有骨的,宜切成稍小的块。

2. 片

片是以直刀法、平刀法或斜刀法削切而成的薄片。片有大小、厚薄之分,依烹调方法而定:白煮时的片,加热时间较短,宜切成薄片,因入锅后无须翻面,若切厚则容易沉底,也不容易透热,用于炒、爆、熘的片宜稍厚。片型种类有:柳叶片、桃叶片、长方片、梳子片、剪刀头片、橄榄片、齿轮片、蝴蝶片等。

3. 条、丝

条与丝形状相似,只是粗细有别,长度一般 3~4 cm。细条者,宽约 7 mm,粗者为 1 cm;细丝者,宽约 2 mm,粗者为 3~4 mm。首先将材料切成片,再以直刀法直切,推切或拉切,切成条或丝。条因较厚且宽,常以一片片分开切成,丝可一次叠成数片而切。

4. 丁、粒、末

丁较块小,从条切成,粗条切成大丁,细条切成小丁;丁的形状可分为:小方丁、橄榄丁、菱角丁、手指丁等。粒比丁更小,由丝切成,大小犹如米粒。末比粒更小。丁的用途广泛,适用的材料很多;粒多用于弹性佳的材料;末多用于菜肴中的配色、调味或勾芡等。使用的材料有鸡肉、肉类、火腿、香菇、葱、姜等,也可用在菜肴的主材料,例如四川菜的麻婆豆腐是以牛肉与豆腐为主的材料。

5. 茸、泥

茸、泥的意义,各地说法皆不一致,一般而言,茸泥均以排剁刀法或用刀腹磨碎而制成,其方法不外乎细剁材料,使之成泥状,使用的材料有鸡、虾、鱼、肉等。材料剁成茸之前,须先去筋与皮,制作鸡茸、鱼茸时,宜添加适量的猪背脂(通常剁鸡茸加 30%,剁肉茸、鱼茸约加 40%)使产生黏性。

七、调味

调味的意义就是让材料和调味品予以适当配合烹调途中所发生的物理及化学变化,除去不佳的味道,增加美味的一种技术。

如果调味好,稍微差一点的材料也会味美;如果调味笨拙,就算是精选的材料也会如同嚼蜡。调味不仅使料理多变化,也是造成地方料理具有特色的决定者。

任何种类的料理,都必须经过调味的过程,因此,调味是人类生活中不可或缺的技术。俗语说:"开门七件事,柴、米、油、盐、酱、醋、茶",其中有四件是调味料,由此可知,调味在人类生活中所扮演的角色何其重要。

1. 味的种类

(1) 基本味:咸味是调味品中的主角;甜味除了使菜肴的味道变甜外,亦有去腥、腻的作用;酸味除了酸之外,亦有除腥消腻的作用,并促进食物中钙质的分解;辣味除了辣之外,有刺激胃肠、帮助消化的作用。

(2) 香味:香味除了使菜肴芳香、刺激食欲之外,并有除腥味和腻味的作用,主要调味品有酒、葱、蒜、香菜、芝麻、芝麻酱、芝麻油、酒糟、桂花、桂花酱、玫瑰酱、椰子油、桂皮、八角、茴香、花椒、五香粉等。

(3) 鲜味:鲜味可使料理鲜美,主要调味品有螃蟹、虾子、蚝油、味精、鲜汤等。

(4) 苦味:苦味本来是一般人所讨厌的味道,但部分菜肴加入苦味烹调,反而产生一种独特的口味,主要调味品有柚皮、陈皮、枸杞子等。

(5) 复合味:具有两种以上的味道,大部分是制作而成的。酸甜类的有糖醋、番茄酱、山楂酱等;甜咸类的有甜面酱等;鲜咸类的有酱油、虾子、虾爪露、鱼露、虾酱、豆豉等;辣咸类包括辣豆瓣酱、辣酱油等;香辣类则有咖喱油、芥末糊等;香咸类的有椒盐(花椒与盐的混合)等。

2. 保管与容器

调味品的种类非常多,有液体,也有固体,有的容易流动,有的容易挥发,所以选择容器时,要配合调味品在物理及化学上的变化。

例如,金属性容器含有盐分,不可装入酸性的调味品,如盐、酱油、醋等,否则会因化学变化而变质,且容易损坏容器,尤其金属会被溶解入醋中,引起污染。

透明的容器不可装油脂类的调味品,因为透明的容器容易吸收阳光,使调味品酸化变质,不能长期贮藏;用陶器或玻璃容器装高温的油,易生破裂,因此,调味品的容器及保管,要注意下列三点:

(1) 调味品的保存

保存处所的温度不可过高或过低,温度过高,糖会溶解,醋会混浊,葱、蒜会变色;温度过低,则会使葱、蒜冻伤变质。

保存处所不可过湿或过干,过湿,则盐、糖会溶解,米酱、酱油会生霉;过干,则葱、蒜、辣椒等会枯干变质。

有些调味品不可过分接触日光或空气,油脂类曝于日光会变质,姜接触日光会生芽,香料接触日光则会失去香味。

(2) 调味品的整理

一般而言,调味品不可长期保存,原则上应及早使用,部分调味品,例如绍兴酒等,越陈越香,但开瓶后不宜放置太久。

要把握使用量,不可制作太多,例如,水溶淀粉、酒糟、碎葱姜等,一次做太多,时间一久,就会变质而无用。

性质不同的调味品要分类储藏,同样的植物油,新油和炸过东西的油要分开,不可混合,否则容易影响质量。

要勤于整理及检查酱油、炸过东西的油等,每天使用后,要过滤,以除掉糟粕。淀粉水要每天换水;酱油要长期储存时,应经煮沸,以防止生霉或变质。

(3) 调味时注意事项

a) 投放调味品要求准确、及时。

b) 要根据材料的本味、特质进行调味。

c) 要迎合饮食习惯调味。

(4) 调味品的放置

烹调作业要迅速,日常使用调味品最好放在炉灶右侧近处或炉灶旁的工作台上,以方便取用。先用者放在近处,后用者放在远处;常用者放在近处,不常用者放在远处,干燥者放在远处。

油、酱油、水淀粉是液状的,而糖、盐则是干燥的,干燥品即使掉入液状的调味品中,顶多只会溶解,影响不大,相反地,如果湿度大的调味品掉入干燥的调味品中,易使整个调味品溶解,这样影响就大了。

八、火候

烹调所使用的材料,五花八门,其性质形状有硬、软、大、小、厚、薄之分,而菜肴有的需要达到芳香,有的要作成新鲜而柔软,所以,在加热过程中,要使用不同的火力及加热时间来烹调材料,这就叫"掌握火候"。

1. 火候的分类

(1) 旺火

也叫武火、急火、大火;旺火的火柱高高伸于烹锅的外面,火焰高而安定,呈黄白色,亮度明亮,热气逼人,一般用于需快速烹调的菜肴,以保持材料的新鲜及柔软,例如:炒、爆、炸、熘等。

(2) 中火

也叫文武火;中火的火柱稍伸于烹锅之外,火焰稍不安定,呈黄红色,亮度稍微明亮,热气大,中火一般用于烧、煮。

（3）小火

又叫文火、温火；小火的火柱不伸出烹锅外面，火焰小，时而上下，呈青绿色，亮度暗，热气稍大，一般用于缓慢的烹调，使菜肴柔软而有味道，适于煎、贴。

（4）微火

也叫烟火；微火的火焰更小，加热亦微弱；微火一般用于长时间的炖煮，材料即使被煮成快要溶化的样子，也能保持香气及味道，适于炖、焖、煨。

2. 火候对食物的影响

食物在加热过程中所发生好的变化，应充分加以利用，但也有坏的变化，则应予以极力防止。烹调时，使用不同的火候、材料、加热方法，就是为了达成这个目的，关于火候及加热方法，应把握下列原则：

（1）硬而大的材料，一般使用弱火或文火、长时间加热，则组织会分解，肉质就会变软。

（2）软而小的材料，一般使用强火、短时间加热，才不会变成黏糊状。

（3）用水加热时，一般使用中火或弱火。

加水烹调的食物，在加热过程中，有很多营养成分，如蛋白质、脂肪、维生素、矿物质等的一部分会溶解到汤中，所以不可将汤丢弃，否则养分的损失很大，当然，有一部分养分会与水分一起蒸发，这是难免的。

要特别注意的是，将蔬菜(尤其绿叶蔬菜)放进水中加热时，必须在水沸腾后才放入。因为蔬菜加热后，细胞膜会被破坏而产生一种酸化酵素，这种酵素对维生素有很大的破坏作用，但酸化酵素不耐高温，在 65 ℃时，活动力非常强，温度达到 85 ℃时即遭破坏，如果水沸腾之后再将蔬菜放进去，则酸化酵素无法动，可使维生素 C 的损失减少。

（4）用油作加热辅助材料,一般用强火。

油的沸点很高,所以能达到高温,对食物表面有很强的干燥凝固作用,食物表面受高热,会迅速进行干燥收缩的作用,产生一层薄膜,致使外部变得很脆,可防水分析出,内部会成为柔软的状态。

（5）蒸时要用强火,但精细材料要使用中火或小火。

材料放在蒸笼中蒸时,不必翻动,所以能保持一定状态,如扣紧蒸笼的盖子,则笼中的温度会变得很高,使水蒸气充满其中,材料的水分不会蒸发,营养不会丧失,且使材料变得柔软,但蒸法有一个缺点,就是调味很难,因为材料在蒸笼中,有水分不断产生,只能加热前或加热后调味。

（6）烘、烤的火力要均等。

烘和烤的方法,都是将食物放在干燥的热空气中加热。材料表面受到加热,水分容易蒸发,会立刻形成薄膜,防止材料内部的水分向外蒸发,所以食物的外部干燥而有香气,肉部则呈柔软状态。

使用密闭的烤炉,水分蒸发缓慢,煮汁不会凝固在材料表面,而是掉在炉上,所以养分的损失比开放式炉大。

九、初步熟处理

焯水(水煮),是熟处理最普遍的方法,把待加工的材料放进水锅加热成半生不熟的状态后,取出,切好,再进行烹调。

需要焯水的材料是腥味的肉类和大部分的蔬菜,其作用如下:

● 使蔬菜颜色鲜明,柔软,并除去涩味及苦味

例如:青菜、菠菜等绿叶蔬菜,焯水后,会变得颜色鲜明,入口柔软;竹笋焯水后,涩味会消失;萝卜焯水后,则会使辣味消失。

● 排出肉类的血,除去异味

例如:鸡、鸭、猪肉等焯水后,会将血排出,牛、羊肉及内脏焯水后,可

消除其腥味。

● 缩短正式烹调时加热时间

焯水后的材料,成为半生不熟的状态,所以正式烹调时,可以缩短加热时间,这在作迅速烹调时,相当有利。

● 调整不同性质的材料,正式烹调时可以统一熟度

因为各种材料的性质不同,有些材料只要稍微加热就熟了,有些材料需要非常久的时间才能煮熟,例如:肉类与竹笋、萝卜、马铃薯一起烹调时,因为都是必须经过长时间加热的食物,所以没有关系,但猪肉与极易煮熟的茭白一起烹调时,当猪肉煮熟,茭白则已过熟而失去味道,此时就必须将不易熟的东西先行焯水,才能使加热时间一致。

1. 焯水的分类

(1) 冷水锅

焯水时,材料与冷水同时入锅,蔬菜类适合于竹笋、萝卜、芋、马铃薯、慈姑、山芋等。理由是:竹笋、萝卜等与水一起入锅加热可以除去涩味,而且这些食材体积比较大,需要较长的加热时间,如果用沸水加热,会发生内部不熟、外部过熟的现象。

在肉类中,此法适合于腥味大且有血污的羊肉,以及猪大肠及胃等。这些材料如果放在沸水中加热,则外面会立即收缩,内部的血和腥味则很难排出,所以必须从冷水开始加热,中途须翻动数次,使其均匀受热,沸腾时及早取出,不可过熟。

(2) 热水锅

焯水时,先让锅中的水沸腾,然后将材料入锅。蔬菜类中,适合于需保持鲜明色泽的,如油菜、菠菜、青椒、芹菜、莴苣、豆芽菜等,因体积小,水分多,如与冷水一起加热,时间拉长,材料中所含的营养损失很大,色泽和

口味亦将变坏,所以必须等水沸腾后才放进去,焯水完成,立刻注入冷水,可保持色泽。沸水锅也适于处理肉类中腥味小、血少者,例如鸡、鸭、蹄髈、方肉等,可以放进沸水中除去腥味,用沸水加热时,把材料放进去,一沸腾就拿出来。

2. **焯水的注意事项**

(1) 焯火时间因材料而不同。

(2) 有特殊气味的材料与一般材料要分别焯水。

(3) 色浓的东西与色淡的东西要分别焯水。

(4) 焯水对材料养分的影响。

十、制汤

将营养丰富、新鲜、美味的动物质原料,水煮而取汤的方法,叫做"制汤",也叫"吊汤"。汤的质量好坏对菜肴的质量好坏有很大的影响,尤其是鱼翅、海参、熊掌、燕窝等名贵而本身无特殊味道的材料,必须以汤补充其滋味,所以制汤是非常重要的工作。

1. **汤的取法**

汤的取法分毛汤、奶汤和清汤三种。

2. **制汤时应注意事项**

(1) 必须选甘味浓厚而无腥味的材料。

(2) 汤的材料一般与冷水一起入锅,中途不加水。

(3) 正确掌握火力及时间。

(4) 做汤时,绝对不可先放盐(材料中的蛋白质立即凝固,汤就淡而无味,鲜味也会消失)。

3. **清汤**

一般以鸡为主要材料,汤很清淡,鲜味也很浓,多用于高级材料中的煮物烹调或汤烹调,有下列两种:

(1) 一般清汤

将老母鸡洗净,置锅中加冷水,以强火煮至沸腾,然后用弱火长时间加热(一定要持续使用弱火,否则鸡肉的蛋白质及脂肪溶解于汤中会使汤混浊),鸡与汤的分量比例是净重1.5千克的鸡,可得2.5千克左右的汤。

(2) 高级清汤

高级清汤是将一般清汤再予添加材料,使汤的颜色更透明,甘味更浓厚。制造方法是用纱布过滤清汤,除去糟粕,再把鸡腿肉的皮除去,切碎,连同葱、姜(有时不加入)、绍兴酒及少许水,加入滤过的清汤中,以强火加热,同时用铁勺向一定方向不断搅拌,在快要煮沸时改成弱火(注意勿使煮沸)。汤中的糟粕和黏在鸡上的东西会浮出表面,用铁勺捞掉,就成为澄清的汤。

也有高级清汤不取自经加工后的清汤,而是从头开始作成高汤,例如:将4千克成熟老母鸡从腹部切成两半,洗净,和瘦猪肉9.5千克、中式火腿1.5千克、水22.5千克一起放入大锅中,用强火煮至沸腾,再改用弱火,连续煮约4小时,可得汤15千克(不要煮到翻滚,只要煮到汤中心涌如菊花状程度),煮好的汤,除去表面的泡沫和油,将味精6克放入大碗中,碗上置清汤的竹筛,竹筛上铺白色木棉布,予以过滤杂物,以便取得高级清汤。

4. 毛汤

汤的颜色浊白,是最普通而又简单的汤,其做法是将鸡、鸭、猪肉、蹄髈、猪骨等材料用水洗清,放入很大的汤锅中煮沸,除去浮在表面的血和泡沫,然后加盖,继续加热至煮熟(成熟度依材料的用途而定),再取出材料,继续煮,待汤色变成白浊时,就算完成了。这种汤的浓度小,甘味不足,所以仅用于一般料理的调味。

5. 奶汤

将鸡、鸭的骨架,猪肉、猪脚、猪骨用水洗净后,入锅,加冷水,以强火煮沸,除去浮在表面的血和泡沫后,加葱、姜、酒等,再以中火持续煮成乳白色为止。这种汤的甘味和浓度都相当浓,可用于煨、焖、煮汤的调理,或用于烧、扒等比较浓厚的调味;一般而言,5克的原料,可以获得5~7.5克的汤,如果汤量过多,会影响到浓度、味道及颜色。

十一、过油

过油是将已经成形的材料或焯水处理过的材料,在油锅中作初步的熟处理,这是烹调前的准备事项,也是烹调过程中的一个工作。过油与烹调的质量有很大的关系,如果材料过油时的油温,火力和加热时间掌握得不好,则材料会变得很硬,或变焦,或不熟、不香。过油的技术要求很高,必须熟练,所以平常的练习是必要的。

1. 在材料上沾粉或着衣后过油

在材料上沾粉或着衣,则表面会被一层黏性膜包覆着,过油时可使水分散发出来,并保持甘味和柔软。

俗 称	温 度	一 般 情 况
温油锅	三四成熟(70℃~100℃)	看不到青烟,也不爆裂,油面相当平静。
热油锅	五六成熟(110℃~170℃)	有微小青烟,油从周围向中心沸滚。
高热油锅	七八成熟(180℃~220℃)	有青烟,油面相当平静,但用勺子搅转会发出爆裂声。

2. 不沾粉、不着衣的过油

这种过油方法用得很多,日常出现的三鲜中,鱼的干炸、家常豆腐中的炸豆腐、五香鸡块中的豆腐干等,都属于此类。其他,如焯水处理后的大型材料过油,行话称之为"走油"。

走油时,油量必须到材料能全部浸入的程度,用强火,待锅中的油冒青烟时,将材料放入,然后,将火力适当减小,使不致炸焦。另须注意的是将材料放入高温油锅时,要防止锅中的油向外飞溅造成烫伤,用右手握持装材料的漏勺,左手拿起锅盖使其直立,遮挡脸面,在材料入锅后,立即盖紧,以防止烫伤事故的发生。

材料入锅时,一定要使皮下肉上,皮的组织非常密,而且弹性很强,不太能炸熟,皮在下,则能炸熟,而且使其有柔软的作用。

盖锅时,锅中会有很大的爆裂声,这是一部分材料表面的水分被蒸发,和油一起飞溅所造成的声音。爆裂声变小时,表示材料表面的水分已大部分被蒸发,皮的部分也变软了,此时打开盖子,用漏勺慢慢移动材料,使皮不致黏住锅底或变焦,同时如果油的表面浮现小泡沫,要予以除去。通常材料出锅时,立刻浸入冷水中,突然的冷却,可使皮的部分产生皱纹。

十二、上色

所谓上色,指将材料和各种有色的调味品,放入锅中加热,使材料着色,通常,强韧性的材料,如酱肉、酱鸭、红烧鸡、红烧蹄髈、上色肉、走油蹄髈等的烹调,都必须上色。

上色的方法是将焯水或走油过的材料放入红锅中,先用强火煮沸,再改用弱火加热,使调味品的颜色慢慢渗入材料中。上色过程中,通常先将竹笼置于锅底,再将材料置竹笼中,以防止材料黏住或焦黏锅底。

红锅所使用的材料,是酱油、绍兴酒、糖水,有时将桂皮、八角等香料放入卤中,红锅的卤汁可连续使用多次。

十三、冷菜烹调法

1. 拌

拌法历史悠久,周代和先秦时期,拌法多为生食加调味料拌制成菜。清代以后,拌法的应用更广泛,海味珍品、荤素材料宜可经拌成菜,如乾隆日常膳食档案里记载的"燕窝拌白菜丝"、"黄瓜拌五香鸡"、"虾米拌海蜇"等菜肴。

拌是指切后的生料和切后加热的熟料,再用调味料直接调拌成菜的烹调方法。拌的菜肴一般具有鲜嫩、凉爽、入味、清淡的特色,通常可分为生拌、熟拌、生熟拌三种。

(1) 生拌

经切配的新鲜生料,再调以味汁拌匀成菜的方法。生拌的菜肴具有生鲜本味、调汁香美的特色。

【例】 捞鱼生(新加坡华人春节美食)

材料:秋刀鱼净肉 600 克

配料:红萝卜丝、白萝卜丝、青梅丝、荞头丝、花生碎、小黄瓜丝、甜姜丝、辣椒丝等适量

调味:花生油、柠檬汁、芫荽末、胡椒粉等适量

做法:

秋刀鱼肉片成长方薄片,整齐地摆在盘中间,四周拼上各种配料;调味料配在一小碗中,随材料一同上桌,自拌而食。

特色:主料生鲜原味,配料甘香甜美,调料酸猛含辣。

要领:

a) 如用牛肉、鱼肉等材料,必须是新鲜,未经冷藏的;如用新鲜蔬菜,如番茄、小黄瓜一定要洗净;

b) 在切配料时,要用干净并消毒过的专用砧板;

c) 生拌除有生鲜本味特色外,还要靠调味汁的作用,因此,调味汁要调制得香鲜爽口,富有刺激口腔的作用。

(2) 熟拌

指加热成熟的材料冷却后,再经切配,然后调以调味汁拌匀成菜

的方法。

【例】 蒜泥白肉

材料:猪夹心肉 600 克

调味:盐、高汤、蒜茸、糖、酱油、香油等适量

做法:

猪肉整块洗净,先用滚水烫去血水,再换水煮熟;冷却后,切成长而薄的片状,排成围形,用一小碗,将各种调料配匀倒在熟肉片上即可。

特色:软稔咸香、蒜味浓郁。

要领:

a) 熟的材料要使其自然冷却,不可放入冰箱中冷却,以免污染;

b) 切配料时,宜切成细丝、粗丝或薄片,便于拌制入味;

c) 要用专切熟食的砧板切配熟料。

(3) 生熟拌

指材料生、熟参半,经切配后,再以调味汁拌匀成菜的方法,生熟拌的菜肴一般具有材料多样、口感混合的特色。

【例】 凉拌火鸭丝

材料:烧鸭半只,发好海蜇花 200 克,蜜瓜 100 克,小黄瓜(去皮)100克,油条 30 克

配料:熟芝麻 7 克、花生碎 15 克、番茄 2 片

调味:高汤、盐、白糖、茄汁、芫荽、酸梅酱、辣椒酱、酱油、香油、胡椒粉、辣椒丝、葱丝、太白粉适量,色拉油 600 克

做法:

烧鸭去骨取肉、切丝,海蜇花切细条,蜜瓜、鲜梨去皮取肉,切粗条,油条切粗丝,小黄瓜去皮切丝,芫荽切段,番茄切片(围碟用)。

取用一碗,放入高汤、盐、糖、茄汁、酸梅酱、辣椒酱、香油、太白粉调匀

成为酱汁。

铁锅烧热,放少许底油(约 30 克),将酱汁倒入烧热,盛在碗中,使其冷却,再拌入花生碎调匀。

用色拉油将油条丝炸脆,备用。

海蜇丝用酱油、糖、胡椒粉、香油拌匀,榨去水分,放在碟中间,烧鸭丝盖在其上,蜜瓜丝、鲜梨丝、小黄瓜丝、芫荽段、葱丝、辣椒丝分摆旁边,番茄片围在外圈,再将酱汁浇淋在烧鸭丝上,撒上熟芝麻及油条丝即成。

特色:多料多味,五彩缤纷。

要领:

a) 生、熟材料在切配时,应刀工一致,一般宜切成丝、小片或细条;

b) 如材料种类较多,要摆放整齐,颜色间隔开来,做到美观大方;

c) 生、熟材料,均要在专切熟食的砧板上切配。

2. 腌

指以盐、酱、酒、糟为主要调味品,将加工的材料腌制入味的烹调方法。腌制的菜肴具有贮存、保味时间长,且味透肌理的特色。冷菜中采用的腌制方法较多,常用的有盐腌、酱腌、醉腌、糟腌、糖腌、醋腌等。

腌法不仅是一种烹调方法,也是干性腌制品和材料半成品的腌制方法,如腌肉、梅干菜、板鸭、火腿、大地鱼等干性腌制品和酸菜、榨菜、咸菜、雪里红等半成品,均是经过腌法制成的。

(1) 盐腌

将材料用食盐擦抹或放入盐水中浸渍的腌制方法。腌制的材料水分析出,盐分渗入,能保持新鲜脆嫩的特色。经盐腌后直接可食的有"腌白菜"、"腌萝卜"、"腌芹菜"、"腌小黄瓜"等。

(2) 酱腌

将材料用酱油的腌制方法,材料上多用菜头、青瓜等新鲜的蔬菜,如

酱瓜、酱菜头等。

（3）醉腌

以绍兴酒和盐作为主要调味品的腌制方法。醉腌多用蟹、虾等活的动物性材料(也有用鸡、鹅等)；腌时，将蟹、虾透过酒浸醉死，腌后不再加热，即可食用。

（4）糟腌

是以香糟卤和盐作为主要调味品的腌制方法，材料多用鸡、鸭等禽类材料，一般是将材料加热成熟后，放在糟卤中，浸渍入味而成菜。

【例】 红糟鸡

主料：嫩光鸡一只(约1 200克)

配料：白萝卜300克

调味：盐、红糟、红酒、细白糖、五香粉、鲜辣椒块、白醋、味精各适量

做法：

鸡洗净，先用滚水烫透，再换水煮约20分钟捞出冷却后斩下头、翅膀、腿、鸡身剁成四件；

白萝卜去皮，切成小块，用适量盐腌约15分钟后，控去水分加糖、白醋、辣椒块浸渍半小时，制成糖醋萝卜；

将切好的鸡块放入容器内，加盐、绍兴酒、味精拌匀，密封腌渍2小时(中间需翻身1次)，然后再加入红糟、盐、五香粉、白糖、味精和适量凉鸡汤，将鸡块拌匀，再密封腌1小时左右；

腌好的鸡块取出，轻轻抹去红糟斩成长条段，在盘中大体排成鸡的原形，糖醋萝卜摆在鸡的一侧即成。

（5）糖醋腌

以白糖、白醋作为主要调味品的腌制方法。在经糖醋之前，材料往往要经过盐腌这道手续，如辣白菜、糖醋小黄瓜等。

（6）醋腌

以白醋、盐作为主要调味品的腌制方法，如腌姜等。

3. 卤

卤法，大约起源于隋代。《齐民要术》中转引了《食经》一书的部分内容，其中说到"绿肉法"，即是卤法的发端。这种方法是将鸡、鸭等斩件，用盐、豉、葱、姜等煮制而成。

宋代以后有关史籍始出现"卤"的字样。到了清代，卤已是很普遍的冷菜烹调方法了。

卤是指加工的材料经调制的卤水以慢火煮熟成菜的烹调方法，也是冷菜制作的主要烹调方法之一。卤的菜肴具有滋味醇厚、熟香软稔的特色。

卤菜适用的材料一般有猪肉、猪头、猪肘、猪手、排骨、鸡、鸭、猪什、野味、蛋类以及冬菇、豆干、海带、鸡爪等。

另有一种叫清卤（又称盐水），一般现用现配，如制作盐水虾、盐水鸡等菜肴，即材料洗净，烫后再放入清水中，加葱段、姜片、绍兴酒、盐、八角（有的还要加花椒粒）材料煮熟后，利用原汤使材料浸泡至凉菜。

（1）红卤

【例】 卤牛肉

材料：鲜牛肉1 200克

调味：清水6 000克、酱油1 000克、绍兴酒600克、冰糖900克、盐50克，大茴香15克、甘草15克、桂皮15克、草果15克、沙姜10克、花椒5克、丁香10克合在一起用布扎起来

做法：

牛肉洗净，将其切成两半，用水烫透后，捞出洗净；

先将清水烧滚，再加酱油、绍兴酒、冰糖、盐水，滚时放入香料包，转小火放入牛肉，用慢火煲一小时左右后取出，使其冷却；

牛肉修形后,切片装盘即成。

特色:色泽酱红,咸香入味。

要领:

a) 要恰当运用火候,卤制材料中应多整只或大块的,加热时间较长,材料放入卤水中,滚后,转小火加盖慢煲;

b) 掌握投料次序,如几种材料同时卤制时,要视材料的不同质地、形状大小来分次卤制;

c) 卤水用过后,要去净浮在上面的油脂,并要用细布过滤,再烧滚冷却后加盖,放在恒温冰库中保管;

d) 卤制豆干的卤水要单独使用,因豆干含有酸质,不宜混入卤制动物类材料的卤水中;

e) 卤水在保存期间,不宜搅动。

(2) 白卤

【例】 卤猪肘

材料:猪肘4只

调味:清水6 000克、盐300克、八角(30克)、沙姜15克、丁香30克、桂皮30克、草果30克、花椒30克、甘草30克(用布包起)

做法:

猪肘洗净,用水烫透后,捞出洗净;

将清水、盐置于容器内用火煮滚,再放入香料包,慢火煲约一小时即可;

将肘骨起出,肘肉修形切配,装盘即成。

特色:咸香入味,清凉不腻。

4. 冻

冻法,古称水晶,始于南北朝时期《齐民要术》中提到的水晶法,是将猪手及肉熬至熟稔,以物包裹压吊水井里,利用清凉的井水使其凝结成冻。

冻法虽然起源于北方,随着北宋灭亡,皇室南迁临安(今杭州),冻法又流行于江南,成为南、北皆宜的冷菜制作方法。今如广东潮州的潮式冻红蟹、潮肉冻肉,江浙地区的冻鸭掌、冻鸡,上海的冰冻水晶全鸭等菜肴,都是著名的冷食菜肴。

冻是指用猪皮、琼脂(又称冻粉、洋粉)的胶质冷却凝固原理,使材料成菜的烹调方法。冻的菜肴具有清凉爽口、滑韧软嫩的特色。

(1) 皮胶冻法

指用猪肉皮熬成胶质液体,并混合于材料中,使之成菜的方法。

【例】 水晶蟹肉

材料:熟蟹肉 90 克、蟹黄 60 克

配料:干贝(蒸好)30 克、猪肉皮 300 克

调味:葱段、姜片、盐、绍兴酒、味精、鸡精、高汤适量

做法:

猪肉皮洗净经滚水烫过,刮净里外的黏液和油脂,洗净切成细丝放入容器中,加葱段、姜片、绍兴酒、高汤调匀,覆上保鲜膜,蒸好后,去掉猪肉皮,汤汁过滤,再加入精盐、味精、鸡精调匀;

熟鲜蟹肉、干贝撕成小细丝,蟹黄炒成细粒,等蟹黄冷却后,分别将蟹黄、干贝、蟹肉依序摆入模型中,再浇入蒸好的皮胶汁冷却成形后,倒扣出来即可。

特色:样式美观,咸鲜滑韧、清凉适口。

要领:

a) 猪肉皮必须彻底洗净,达到无毛、无黏液、无油质;

b) 猪肉皮在熬制时,需用滚水煮一下,用刀刮净里外的黏液油脂,洗净再切成丝或小块、细条;

c) 熬制时,要掌握猪肉皮和汤(或水)的比例,一般水要多出猪肉皮

数量 4 倍左右,若汤过多,会冲淡猪肉皮的含胶量,成菜不能凝结;若水过少,猪肉皮的胶质含量会太多,食时太韧;

d) 熬制过程中,除放葱、姜、绍兴酒外,不宜加其他调味料,如加盐,猪肉皮不易熬熟;如加八角、花椒会影响汤色。皮胶熬成后,依烹调要求,再加所需调味品。

(2) 琼脂冻法(冻粉冻法)

指掺水的琼脂蒸溶后再浇在加热的材料上,冷却后使其成菜的方法,琼脂汁与皮胶汁的口感有所不同,较为脆嫩,略少韧性,宜制甜品冷食,具有制作简便、花式美观、清甜可口的特色。

【例】 琼脂草莓

材料:草莓 8 颗、干琼脂 20 克

配料:鲜橘瓣 20 瓣、绿樱桃 2 颗

调味:冰糖块、清水

做法:

草莓洗净,每粒切成两半,绿樱桃每粒切成两半;

琼脂用冷水略泡,使其回软,再洗净切成小段,加清水、冰糖块,蒸溶后取出过滤,备用;

草莓、绿樱桃、橘子瓣用水略烫,捞出,沥净水分;

取模型碟 4 个,中间放一瓣绿樱桃(皮面朝下),再放 5 颗草莓摆成梅花形状(皮面朝下),每颗草莓前再横摆一瓣橘子(弯面朝里);

先浇少许琼脂汁(使其先黏结),待冷却后,再浇入其他汁,待琼脂汁完全凝固并冷却后,倒扣过来即可。

特色:鲜艳绚丽、清凉甜嫩。

要领:

a) 使用干琼脂时先用冷水略浸,使其回软,洗净切成小块,再放入蒸

笼(制甜品不用汤),应以清水加冰糖,蒸至琼脂、冰糖溶化即可;

b) 甜品的用料多为水,切块或修形并经滚水烫透后,先整齐摆在模型中,再浇入琼脂汁(琼脂汁要保持热度,如冷却凝固不成流体状,则不易浇入材料中);

c) 干琼脂加水蒸制时(也有煮溶的),要掌握水分,如太多水,胶状不明显,成品冷却后不易凝结;若水过少,琼脂胶状过浓容易干裂,口感也不佳。

5. 熏

熏法,始于清代《吴氏中馈录》中"五香熏鱼法"的介绍:"将花椒、大小茴香炒研细末掺上,按在细铁丝罩上。炭炉内用茶叶、米少许,烧烟熏之,不必过度,微有烟香气即得"。

熏,指加工或腌味的材料经煮、蒸、卤、炸等方法加热成熟后放入有糖、茶叶、米等熏料的熏锅中,加盖密封,利用熏料烤炙时散发的烟香熏制成菜的烹调方法。熏类菜肴具有色泽老红或深黄,带有烟香气,咸香而独具风味的特色。

中餐烹调中的熏法,一般用于三个方向:

(1) 加工干制、腌制材料。因这类材料需大量而经常的供应,采用熏法不仅能延长保存期,还能增加风味特色,如金华熏火腿、湖南腊肉等。

(2) 熏制熟食品。这类材料也需大量而经常的供应,主要由风味饮食店或食品加工厂制作,如熏肉、熏口条、熏肝等。

(3) 熏制菜肴。这类菜肴,有冷菜也有热菜,但是菜肴刚熏过后,烟香味明显,会盖过材料的其他味道,以此烟香味来增加菜肴的主味。

【例】 熏鸡

材料:全鸡一只

熏料:茶叶2两、糖2两、面粉3两(或米3两)

调料:盐、酒、葱姜适量,色拉油 1 斤,胡椒粉少许

做法:

将鸡洗净,用盐、酒、葱、姜、胡椒粉抹匀鸡全身及内部 20 分钟;

起油锅 160 ℃左右,将鸡炸熟;

另一锅铺上锡纸,上放熏料,放个网子(抹油)再把鸡放上开小火熏至表面金黄色即可。

特色:金红油润,鸡形原样,外酥内嫩,带有菜叶香气。

要领:

a) 材料入味成熟后,捞出时要用洁布拭净表面的汤水。不然,熏时不仅不易上色,也会影响熏后的质量;

b) 材料要保持高温下熏制;

c) 熏时用慢火,但盖子要密封,尽量不使烟香味散失;

d) 材料熏成后,宜薄涂一层麻油,能增加菜品香味。

十四、切配与装碟

1. 堆

将冷菜堆放碟中,一般用于单碟。多用于烹调前就已切好的或者形状不整齐的,如拌海蜇、叉烧肉等菜肴。

堆法的要求是整齐饱满、清洁、美观。在堆时,也要适当做些点缀和加工,如在碟边配色,在菜面上放些点缀品,在菜底加些青蔬,加些卤汁调味、调色等。

2. 排

是将整形(或整只)的冷菜斩切后,按原样平排碟中,排法一般有两种,一是切排如白斩鸡,用青瓜片垫底后,再将一块鸡肉(鸡胸肉、鸡腿等)斩切条形,按原样排于碟中。另一种是拼排,如盐水虾,卤成的虾剥皮后,每只从脊背处片开,成为两半,再一半一半地在碟中排成圆形,一层覆一

层,似馒头状。

3. 叠

将冷菜一片片整齐地叠起,放在碟中,一般要叠成梯形、锯齿形等。叠时,需和刀工结合起来,边切边叠,叠好后放在碟中,如卤牛肉、素火腿、如意蛋卷等菜肴。

通常的叠法是:先将材料叠成两排,平行铺在碟中,再用形状较为整齐的切叠一排,压在两排中间(称为"三联形")。

4. 围

冷菜制成后,在碟中围成圆形、花形。采用围的方法,要求刀工整齐,落刀巧妙。有的冷菜围好后,还要在外圈围上配料,称为围边;有的冷菜在碟中围成花朵形状后,还要用一种配料在中间点缀成花心,如"卤香菇"。

5. 摆

是用不同颜色和形状的冷菜,经切配后,在碟中摆成各式图案或各种传神的动物形状,如花鸟、鱼兽等。采用摆法加工的冷菜,一是要注意卫生,二是要讲求食用价值。

十五、热菜烹调法

1. 炸

炸古代称煠,初始于商周时期。到了汉唐时期,由于有了植物油和麻油(香油),炸制的食品大大增加了,有的地方称炸法为"油浴"。

炸,是使用强火放多量油的一种烹调方法,一般都用大油锅,油量是材料的数倍,火力要强,所以材料入锅时会发出很大的声音,特色是香酥脆嫩。炸油的适温大约在 170 ℃左右。测温时可把手背离锅面 15 厘米的上方,有口吐热气的感觉时,就可以把材料加入锅内油炸,或者也可先放一小块葱,如果材料周围冒出很多气泡而不沉下去就表示油温已够;冒出烟时就表示油温太高了,此时可加些冷油降低油温。

(1) 清炸

材料上了酱油、油、盐等调味料后,入油锅以强火炸之。

(2) 干炸

是将调味品加入生的材料中,等充分渗入后,表面沾干粉,再用油炸的方法。

(3) 软炸

是指食材蘸一下软炸糊(鸡蛋白、面粉、太白粉调配的稀糊)入温油中炸制成的一种方法,油的温度要特别注意,过高则外焦内生,过低则糊易脱落。材料入锅时要分散下,不至于黏在一起,表面变硬时取出,等油的温度一升到 220 ℃时把材料再放入翻炸约 5～10 秒即可。

(4) 酥炸

是将材料先煮软或蒸后,挂上用面粉＋油＋水做成的糊再油炸的方法。(也有不挂糊的,一般而言,去了骨的材料都挂糊,带骨的材料则不挂糊。)炸时等油热后将材料入锅,直到变成金黄色取出。此面糊要用力去搅拌,使面粉所含的蛋白质活泼而增加面粉糊的凝固力,炸起来就会香脆可口。而面粉糊的硬度要像蛋糕糊一般。

(5) 纸包炸

是将新鲜无骨的材料切好,用盐、味精、酒等调味后,以玻璃纸包好,用高温油炸的方法。此法的特色是汁会留在纸中,特别是能够保持材料的美味和柔嫩。炸时必用强火,火热至 110 ℃时将材料投入,油温升高,纸包浮起变成金黄色即成。

2. 熘

初始于南北朝时期。宋代以后出现了"醋鱼"等菜肴,如今杭州的"西湖醋鱼"一菜,仍采用此做法。明清以后"熘"的名词正式在饮食中出现。那时"熘"的调味多以醋、酱、糖、香糟、酒等为主,口味上有酸咸酸甜、糟香等分别。近代菜肴中的醋熘海参、糖醋熘排骨、糟熘鱼片等,即是这些做法的延续与发扬。

熘,是将加工、切配的材料经由油、水或蒸汽加热成熟后,再和预先做好的芡汁翻熘成菜,或将调制、加热的芡汁浇泼在成熟的材料上的一种烹调方法。因以强火快速作成,能保持香脆鲜嫩。熘的菜肴根据脆鲜、滑嫩、软的不同特色,可分为滑熘、炸熘、软熘三种。

(1) 滑熘

滑熘的材料,以去骨的切片、切碎、切丁、切丝等小型的材料为主材料,加工、调味后上浆,用热油划散至热(或泡油),再用调制好的芡汁熘制成菜的方法。滑熘的菜肴有滑嫩鲜香的特色。

(2) 炸熘

指加工、腌味的材料上浆后,再拍上一层干粉(太白粉)用热油炸至脆熟,再用调好的芡汁熘制成菜的方法。炸熘与滑熘的不同点是,滑熘的材料只腌味泡油;炸熘是腌味,拍太白粉,再用热油去炸熟。

(3) 软熘

一般是将材料(以鱼类较多)先蒸或烫,热水中加葱姜酒,熟后再将做好之热汁淋上即可。

3. 炒

炒源于煎法。初始于北魏时期的"鸭煎法";唐宋以后,炒法已很流行,有炒白虾、炒面等。

炒是最广泛的烹调法之一,适用的材料多是小型丁、丝、片等,以旺火热油快速翻炒,边炒边调味的一种烹饪法。炒的菜肴具有芡汁少、滑嫩柔软、清脆爽口的特色。可分滑炒、干炒、生炒、熟炒四种。

(1) 滑炒

也称为软炒,是将加工、调味的材料上浆后,用少量的温油炒至熟,再用调好的芡汁翻炒成菜的一种方法。小炒是四川烹饪的专业用语，一般是将上浆的材料用少油炒至熟，再将材料边翻炒边加调味料使之成菜。

（2）干炒

又称干煸，将加工、腌的材料不经上浆用热油划散，再干煸入味的一种方法。干炒的时间较长，因要除掉材料中的水分，菜肴的特色是松韧干香、有嚼劲，带有麻辣味。

（3）生炒

生炒也叫煸炒、生煸，材料不挂糊也不上浆。烹调时先将材料在九分熟（220℃）的油温中炒到五六分熟，然后将副材料放入，加调味料后，快速翻炒数次，一熟即可取出。这种炒法汁少、材料新鲜而柔软。

（4）熟炒

已熟的材料经切割后，以旺火热油调味翻炒而成的菜。熟炒的材料大多不挂糊，锅子离火时可勾芡，亦可不勾芡。熟炒菜的特色在于味美且有少许汁。

4. 爆

爆，初始于宋代，那时有"爆肉"的菜肴。元代，又出汤爆法如"汤肚"；到了明代，始有"油爆"一词出，如"油爆鸡"。

爆，是将无骨、脆嫩、小型的材料经熟油或汤迅速加热。爆菜的特色是脆、嫩。食后盘中的浇汁不会剩下。分油爆、酱爆、盐爆、葱爆。

（1）油爆

是将加工的上浆或不上浆的材料用热油迅速加热成熟，再用调好的芡汁爆制成菜的一种方法。

（2）依调味品及调味过程的不同，另有几种爆法。

盐爆通常与油爆相同，所用的调味汁通常是将香菜段、葱丝、蒜末、盐、绍兴酒等拌匀而成。葱爆通常将材料炸好后,另备一油锅,将大葱段和炸好的材料一起爆,其余烹调过程和油爆相同。

5. 烧

烧的含义比较广泛,往往是烹调的代名词。

"烧"是指经处理过的材料加适量汤或水和所需调味料,以旺火烧滚,再用中小火烧透入味,再勾芡或收汁成菜的一种料理法,可分为红烧、干烧、软烧、白烧。

(1) 红烧

是将经油炸、煎,或经汤和水煨、炖的材料,加蚝油、酱油等调味品烧滚后,用中火或慢火烧透入味的方法。

(2) 干烧

将加工、腌味的材料经炸制上色后,再用中火加调味料慢烧,将汁自然收浓成菜的方法。"干烧"是少不了糖的,但糖也不可过多。但咸味才是干烧的主味,故先把咸味固定后再加糖调味。

(3) 软烧

是指用蒸过或水烫过的软质材料,直接烧制成菜的方法。软烧的材料质地细嫩,型小易烧,所以烧法要短些,3~5分钟即可,制作过程中要小心动锅铲和翻动材料,注意保持材料的形状。

6. 焖

清代以前,还没有焖的烹调方法,古代书中以"封锅口"、"盘盖定,勿走气"等语言来叙述。意思就是材料在火具中以火烧煮,加盖而焖,使材料加热时散发的气体回流,促进材料尽快成熟,同时气味较少外溢,而保持较多的材料本味。

焖的材料较多为肉类,或以质地较紧密坚实的鱼类为主,切制的刀工有小块、厚片、粗条等,材料事先以蒸、水烫、过油等方法,再放入陶瓷类的容器内,先用大火烧滚,再转用慢火煨烂,一定要盖住锅盖。

现代的焖法,种类已多变化,在广东烹饪中,有生焖法、熟焖法、炸焖法之别,在北京则有红焖、黄焖之别。这些焖法,大体以材料的生熟、传热介质的不同、主要材料的区别、烹调技法的变化和成菜时不同色泽来加以划分。

红焖法是以酱油、蚝油、酱类等流体调料为主,成菜以色泽深红而得名。红焖具有色泽红润、汁浓料稠、滋味醇厚香美的特色。

7. 扒

先将葱与姜爆香后,取出葱姜,再放入整齐排列好的材料(生的、蒸过的、经过煮等加工后的半制品)及其他调味料,再加汁以小火煨之,最后把整块材料先取出摆盘,再把锅内的汁勾芡后,剩余的材料与汁淋在主材料上即可。

"扒"按其所用调味料可分红扒、白扒、五香扒、蚝油扒、鸡油扒等,扒菜的特点是排列整齐,形状很美。

扒和烧的烹调过程大致相同,都是先用油锅炒料,然后用汤或水煮之;相异点是扒菜煮好后在离锅前做勾芡,有适量的汤汁,形状和色彩都美,因此切配的准备必须比较正确。烧菜的汤一般比扒菜要多。

扒又可分"有肉料扒"(指主材料上还有副材料覆盖)与"无肉料扒"(指材料切配完整勾芡后整齐排在盘中,再把淋汁淋在材料上即可)。

有肉料扒是将加工的上浆或不上浆的材料用热油迅速加热成熟,再用调好的芡汁爆制成菜的一种方法。

8. 蒸

蒸法起源于炎、黄时期。早在四五千年前,人们就已懂用蒸汽作为热媒介而让食物熟透。宋朝以后蒸法更精密了,有将蟹肉瓢入柳橙中蒸制而成的,也有将酒作为主要调味而蒸的蒸明虾,另有蒸粽子等等。明清以后,就有粉蒸的出现了。

蒸法是将加工、调味的材料,利用蒸汽传热成菜的一种烹调方法。主要器具有蒸箱、蒸笼、蒸锅等。

蒸法的材料较为广泛,但质地脆嫩、色泽鲜绿的清蔬类材料,一般不宜蒸制,材料形状多以整只、厚片、大块、粗条等为主,而茸泥类则宜制成丸形、球形,但必须先腌味才可入烹。蒸的方法最常见的是清蒸、粉蒸两种。

(1) 清蒸

是先蒸后浇汁的方法。材料一般不调味,只配葱、姜等。蒸熟时,再淋无粉芡的红汁而成菜。

(2) 粉蒸

指加工、腌味的材料上浆后,沾上一层熟米粉蒸制成菜的方法。

9. 煎

煎法始见北魏时期的农、食典籍《齐民要术》中,南宋时期,诗人林洪所著《山家清供》一书中,又记有"挂面油煎"的制菜法。

煎法是指将加工的材料摆平,放入锅中用少油使两面加热至熟的烹调方法。煎的菜肴,一般具有色黄、外酥内嫩的特色。中餐常见的有干煎、软煎。

(1) 干煎

一般是将材料切段后,用大火猛油炸至八分熟,再用调好的太白粉汁煎至汤汁收干为止。

(2) 软煎

将加工、调味的材料上浆后再拍面粉以慢火煎熟,然后再烧汁勾芡成菜的方法。

十六、宴席知识

宴席上的菜肴,一般由冷盘、热炒、大菜、甜菜、点心等组成,有其一定的架构。配菜时,不仅要将每道菜依所需的技巧适当地配合,也必须注意菜肴与菜肴间色、香、味、形的配合,为了使一桌宴席达到完美的境地,必须切实掌握菜单的选定、准备及菜肴上桌顺序等几个要点。

1. 设计菜单所必须考虑的几个条件

(1) 请客的对象;

(2) 宴会的形式;

(3) 预定经费;

(4) 参与宴会的人数;

(5) 货源与技术条件。

2. 设计菜单的技巧

(1) 食物分类;

(2) 配合时令;

(3) 选用烹调法;

(4) 注意上菜秩序。

3. 宴客菜单的组合与搭配

宴客菜肴的内容——包括冷菜、热炒、大菜、汤菜、点心、水果等。

菜肴的搭配——一般冷盘占整个筵席的 15%;热炒占 20%~25%;大菜及汤菜占 45%~50%;点心及水果占 5%;调味料占 10%。一般应有 12~20 道菜肴。

考虑菜肴的季节性——尽量多使用时令菜才能达到物美价廉的效果。

4. 上菜顺序

宴席中菜肴上桌的顺序,各地的习惯不同,但一般的做法是先冷菜后热菜,先菜肴后糕点,先咸后甜,先炒后烧,先好的后普通的,先多的后少的,先油腻的后清淡的。

5. 上菜礼仪

按我国传统的礼貌习惯,"上整鸡、整鸭、整鱼时,应注意鸡不献头,鸭不献尾,鱼不献椎"。即上菜时不要把鸡头、鸭尾、鱼椎朝向主宾,应朝向右边,尤其全鱼时鱼腹应朝向主宾,因鱼腹刺少、腴嫩味美,朝向主宾表示尊重。

在上每一道新菜时,需将上一道剩菜移向第二主人一边,将新上的菜放在主宾前面。在上有图案的菜肴时,如孔雀、凤凰等拼盘,应将菜肴的正面朝向主宾,以供主宾欣赏和食用。

6. 餐具与食物的关系

菜肴的色泽和食欲关系很密切,例如鲜绿的蔬菜可用带有图案的餐盘来装盛,会把菜肴衬托得更美观,也可在食物本身的色泽上或味觉上下点功夫,然后用素色的餐盘来装盛,更显示出菜肴的美观。

(1) 餐盘的贮存应能省时、省空间。

(2) 能适用于不同的餐桌布置。

(3) 最好在制备供应食物时省时及保温。

(4) 安全性的餐具,譬如选用似玻璃般的陶、瓷器。有些不耐火的陶制品用于酸性食物时,常会因为浸入的釉料透出而造成食物中毒,虽设计美观,却也要注意其质量上的安全。

(5) 承办宴会筵席的布置与摆桌,比较讲究而完整,摆桌使用的是全套餐具,有台布、匙碟、汤匙、味碟、筷子、茶杯、餐巾、烟灰缸、调味瓶、牙签等。

(6) 布置要尊重各民族的风俗习惯和饮食习惯。某些民族、某些宗教还有所禁忌,如回族和信奉回教的忌讳食用猪肉,那么在布置时就不能摆设乳猪之类的食物。

(7) 小件餐具的摆设要配套、齐全,都要根据菜单安排,即吃什么配

什么餐具,喝什么配什么酒杯。不同规格的酒席,还要配上不同品质、不同件数的餐具,小件餐具和其他对象的摆设,要相对集中、整齐一致,既要方便用餐,又要便于席间服务。

(8) 花台面的造型要逼真、美观、得体、实用。所谓"得体"是指台面的造形要根据酒席宴会的性质恰当安排,使台面图案所标示的主题和酒席的性质相称。如属婚嫁酒席就应摆"喜"字席,"百鸟朝凤"、"蝴蝶闹花"等台面。如是接待外宾的酒席,应摆设迎宾席、友谊席、和平席等。

7. 宴会结束

宴会在主人与主宾吃完水果后起立时,即告结束,这时家政人员应将主宾等的座椅向后移动,以便宾客离座。在主宾告辞时,主人应送至门口,并热情话别;家政人员则应微笑目送,或送宾客至厅门口。

■ 第五节　西餐料理

西餐起源于罗马文化时代的意大利菜,从最早期繁复的吃法,慢慢地演进到现在一道菜一道菜上的吃法,其中经过长时间的演变。而今西餐逐渐受到欢迎,但潮流所致,自助餐的饮食文化有逐渐取代西餐的趋势,其实西餐并非全然以自助餐的方式呈现,下面将西餐中的色拉、三明治、开胃菜、汤、蛋及主菜的各种做法,乃至厨房常用的材料作一一介绍,希望能将正统西餐的做法,以最平实、最简单的方式呈现出来。

一、西餐做法

1. 水煮

水煮是将食物放入 100 ℃的滚水或汤中,煮开后应调至温火让食物继续煮熟。

水煮时水位一定要盖住食物,在水煮过程中,水分因蒸发变少时,应随时加入适量的水。

在煮肉或家禽类时,一定要等水开后才将肉放入,再将火调至温火,如此才可以保存肉的鲜味;但在煮腌肉时,应用冷水煮,这样才能将肉中的咸味去除。煮肉或家禽时,水中可加入一些蔬菜或香料,让食物更鲜味。在水煮肉类的过程中,会有很多的杂质浮在汤上,应将这些杂质去除,否则就会影响食物的质量。

水煮时加盖可以让食物快速煮开,但在水煮蔬菜时则不可加盖。

水煮根茎类蔬菜时,除土豆外,其他各种根茎类蔬菜应用冷水煮,这样才能煮出根茎类蔬菜中的甜味,增加食物的美味。土豆应用滚水煮,才能保住土豆的养分。

煮高汤或汤时,应特别注意,当汤煮滚时,应立即调至温火,同时不断将汤上的杂质捞起,不然汤会混浊,不美观也不美味。

鱼不可用滚水煮,因为会破坏肉质,因此煮鱼时要用低温。

2. 蒸

蒸是将食物放入大型的容器中用开水产生的热蒸气,将食物用有或无压力的方式将食物蒸熟(温度 90 ℃)。

此种蒸法,适用于不变色、不影响组织的食物,例如,四季豆就不可以这样蒸。

如果用蒸烤箱或较紧密的容器,不让它失去压力,可保有食物本身的颜色。

在蒸布丁时,上面应盖一层锡纸,以防止蒸的过程中水流进布丁里,造成布丁表面的不光滑。

蒸根茎蔬菜,包括土豆,应使用有孔的托盘或容器避免造成积水,以便使受热更均匀。

若使用高温蒸烤箱可使蔬菜快速蒸熟并保有原色与养分。

3. 烘烤

烘烤是在烤箱中干烤,烤的过程中食物会从干烤转成湿烤。

烤面包时应用最高温烤,这样才能阻止继续发酵。

烤泡芙时也需要高温烤,这样泡芙才能立即膨胀至其所需的形状,再调至低温,至泡芙酥脆。

在做蛋挞或焦糖布丁时,需先低温然后再隔水烘烤,这样可以降低烤箱的温度。

4. 奶油烩烤

奶油烩烤是将食物放入有盖的容器,加入奶油放入烤箱。

任何肉类,包括家禽、野味等肉质较嫩的都可采用此法烹调。

奶油烩烤食物时,应视食物量的多寡来选择适当的容器。烤时加入一些切片蔬菜及香料以增加食物美味。

奶油烩烤时需要足够的奶油来防止烤焦,使颜色更均匀;不需很高温,但时间比烧烤要更久的时间。

奶油烩烤时应将烤盖开约三分之二,使食物着色。烤出的烤汁应加以利用作为酱汁。

5. 低温煮

低温煮是将食物放入欲开的水中,因水静止不动,水温保持在90 ℃~95 ℃。

低温煮时,要有足够的水盖过食物,至少水量要超过食物的一倍。

在低温煮食物前,先将水煮沸,再将水调至不滚动状态下放入食物。

煮整条鱼时,须用冷水煮至滚,再调低温煮。

低温煮也可利用烤箱,将鱼排放入已擦过奶油的托盘中,加入鱼高汤,洒上白酒,再用已擦过奶油的烤盘纸盖严,放入中温(约 150 ℃~200 ℃)的烤箱中,烤约 5~10 分钟(视鱼的大小)。此种做法烤出的汁液可用来调制酱汁。

用低温煮水果时,将糖浆煮至沸腾,加入水果,等快煮开时,锅子立刻离火,泡至糖浆变冷,当有些水果浮在糖浆上时,需用适当的用具将水果泡回糖浆中。

6. 烧烤(架烤)

烧烤是指将食物放入烤箱烤或架烤,且两者烤时都须不断擦上油脂。(温度:180℃~220℃)

任何用来烧烤的食物都应选择最佳的质量。所有烧烤的食物,应到烧烤前才调味。

用烤箱烤食物时,应将食物与烤盘保持一定距离,以防止底部焦化。

食物进烤箱时,需用高温将外皮封住,防止水分流失,再视食物体积的大小,调至适当的温度。

烤出的烤汁应加以利用作为淋汁。

烧烤土豆时应将土豆放入已热的油里,再放入烤箱烤至金黄色,取出后应将油滤干。

传统架烤与烤箱架烤会有不同的效果:传统架烤较酥脆;烤箱架烤因蒸气关系,所以无法达到传统架烤的酥脆。

7. 碳烤、铁扒、焗

铁扒是指将食物放在铁板或铁条上用上火或下火直接来烧烤食物,其燃烧原料可用木炭、燃气或电。一般多是用底火来铁扒,若用上火来烤,叫做焗,而用来焗的用具为明炉烤箱。(温度:250℃~300℃)

任何用来铁扒的食物体积不可太大,避免造成食物外焦内生。所有铁扒食物应选择肉质较嫩为佳。

铁扒的肉类应先擦上油以及调味,而鱼类则先擦油,调味再撒上粉,才能铁扒。

铁扒的温度须非常高,食物在铁扒时才能将肉汁封住。

铁扒或碳烤应先预温擦上油后,才能放入食物,目的是防止食物焦黏于铁条或铁板上。

8. 烩

烩是将食物放入紧密的容器,加入液体或酱汁放入烤箱。(温度:150℃~180℃)

任何拿来烩的食物都属肉质较老(硬)的,例如:肉类、家禽、野味等。

任何烩的食物,例如肉类、家禽、野味等,应先用油煎至金黄色,但烩小牛排时,不需煎至金黄色。

在烩食物时,应视食物量的多寡来选择适当的容器。

在烩食物时,应加入一些切片蔬菜及香料以增加食物美味。

这种烹调法是用少量的液体或酱汁长时间来烩,因此食物与酱汁有浓厚的味道。

9. 炖

炖是指食物中加入足够的调味汁或酱汁用慢火煮至熟。(温度:100℃)

任何拿来炖的食物,其肉质都属比较老(硬)的。

所有炖的食物都应用汤盘将食物与汤汁一并食用。

二、蛋的制作

1. 单面煎蛋(太阳蛋)

(1) 培根片2片、早餐肠2根、番茄半个、少许无盐奶油、5个薯球。

(2) 1茶匙无盐奶油、鸡蛋2个、1朵欧芹。

制作时间:20分钟

份数:1人份

培根排至烤盘中,烤至金黄色,香肠用水煮热取出再煎过,番茄对切擦上奶油,撒上盐、胡椒,放入 400 ℉烤箱中烤约 5 分钟,将薯球炸好备用。

将煎锅加热,放入奶油和鸡蛋,放进 400 ℉烤箱中,烤约 3 分钟至蛋白凝固而蛋黄生,取出排入盘中,将上述准备好之材料排入盘中,再用欧芹装饰。

2. 双面煎蛋(生或熟)

(1) 培根片 2 片、早餐肠 2 根、番茄半个、少许无盐奶油、5 个薯球。

(2) 1 茶匙无盐奶油、鸡蛋 2 个、1 朵欧芹。

制作时间:20 分钟

份数:1 人份

培根排至烤盘中,烤至金黄色,香肠用水煮热取出再煎过,番茄对切擦上奶油,撒上盐、胡椒,放入 400 ℉烤箱中烤约 5 分钟,将薯球炸好备用。

将煎锅加热入奶油、鸡蛋,放入 400 ℉烤箱中烤约 3 分钟,翻面再煎约 30 秒,即可取出放入盘中(生的做法)。或放入烤箱中烤约 5 分钟,翻面再烤 2 分钟后取出放入盘中(熟的做法)。将上述准备好之材料排入盘中,再以欧芹装饰。

3. 水煮蛋

2 个鸡蛋、1 茶匙盐、1 升水、1 朵欧芹。

3 分钟:蛋白软、蛋黄生;

5 分钟:蛋白熟、蛋黄生;

7 分钟:蛋白熟、蛋黄半生;

10 分钟:蛋白熟、蛋黄熟、全熟。

制作时间:20 分钟

份数:1 人份

单柄锅内加入水和盐煮沸调至中火,放入鸡蛋,蛋可煮 3 分钟、5 分钟、7 分钟或 10 分钟全熟。

盘子中放上花纸,摆上蛋盅,将水煮蛋放入以欧芹装饰之。

4. 水波蛋(附培根)

(1) 1 片白吐司、2 升水。

(2) 1 大匙醋、1 茶匙盐、2 个鸡蛋、2 片培根、1 个小番茄、1 朵欧芹。

制作时间:20 分钟

份数:1 人份

将吐司去角去边,放入 400 ℉烤箱中,烤约 3 分钟呈金黄色。

酱汁锅放入半锅水加盐、醋煮开,再将炉火调至小火,蛋一颗一颗打入煮至蛋白凝固、蛋黄生即可取出。将吐司放入盘子,水波蛋分别放置吐司上,附上培根再以番茄、欧芹装饰。

5. 炒蛋(附培根)

(1) 1 片吐司。

(2) 2 个鸡蛋、2 大匙鲜奶、1 大匙纯奶油、2 片培根、1 个小番茄、1 朵欧芹。

制作时间:20 分钟

份数:1 人份

将吐司去角去边,放入 400 ℉烤箱中,烤约 3 分钟呈金黄色。

将酱汁锅预热,蛋和牛奶混合均匀加入纯奶油,倒入锅中用打蛋器在炉子上快速搅拌至半凝固状。将吐司放入盘子,再倒入炒蛋,附上培根,以番茄、欧芹装饰。

6. 火腿奶酪蛋卷

3 个鸡蛋、1 大匙纯奶油、20 克火腿丝、20 克奶酪丝、1 个小番茄、1 朵欧芹。

制作时间:20分钟

份数:1人份

将蛋打散,再将煎锅加热至冒烟时放入纯奶油,加入蛋液,用叉子在炉子上快速搅拌呈半凝固状,加入火腿奶酪丝卷起即可。放入盘中用番茄、欧芹装饰。

三、三明治

1. 丹麦三明治(开放式)

(1) 20克奶油、10片莴苣、200克熏鲑鱼、10圈洋葱圈、30粒酸豆。

(2) 20克奶油、1片莴苣、150克蛋(熟)、150克玉米粒、30克蛋黄酱、50克咖喱糊或黄姜粉、10克鱼子酱(黑及红色)。

(3) 20克奶油、10片莴苣、200克鲔鱼、100克西芹碎、50克洋葱碎、50克酸黄瓜。

制作时间:30分钟

用法国面包或全麦面包。将面包切片,涂上奶油。用一片面包放上莴苣叶再将主材料放入。将其余材料做装饰即可。

2. 午茶三明治

(1) 20克奶油、10片莴苣、20片火腿、10片奶酪、3片菠萝片。

(2) 20克奶油、300克小黄瓜、2克盐、1克胡椒。

(3) 20克奶油、10片莴苣、10片烧牛肉、15克洋葱碎、10片酸黄瓜片、少许芥末酱。

制作时间:30分钟

用吐司或牛角面包

将两片吐司涂上奶油或蛋黄酱。于一片吐司上放任一种食材、调味料,再盖上一片吐司。

将吐司边修下,切成任意形状,用其余材料加以装饰即可。

3. 总汇三明治

(1) 25 克鸡肉碎、5 克莴苣丝、10 毫升蛋黄酱、2 克芥末籽。

(2) 4 片番茄片、3 片全麦吐司、5 克奶油、1 个煎蛋、2 片培根。

制作时间:30 分钟

份数:1 人份

将材料(1)拌匀备用。将吐司烤黄再抹上奶油,蛋和培根煎熟,在吐司上放鸡肉色拉及番茄片,盖上一片吐司,上放培根及蛋。将三明治切成二或四等份,附上薯条及番茄酱。

四、酒会小点(以吐司饼干为主)

酒会小点是以看起来美观、方便取用为宜,而且不需使用任何餐具。

所用的馅,可利用您随手取用的食物,不需要专程购买,如可利用肉、海鲜、蔬菜、奶酪与蛋黄酱混合使用。

五、开胃品及色拉

1. 蜜汁酸果鳄梨(4 人份)

2 个橙子、2 个葡萄柚、2 个鳄梨、4 片莴苣叶、200 毫升柠檬蜂蜜汁、150 毫升蛋黄酱、15 毫升柠檬汁、10 毫升橙子汁、10 毫升葡萄柚汁、15 毫升蜂蜜、1 克黑胡椒碎。

制作时间:20 分钟

份数:4 人份

先将葡萄柚和橙子去皮,取出每片果肉。

用刀将鳄梨从中间划一圈,轻轻一转,即可很轻松将籽取出。小心将皮保持完整,取出果肉。

将洗好的莴苣叶置于鳄梨皮内。将橙子和葡萄柚混合后,也放入鳄梨皮内。

再将鳄梨肉切成扇形,置于盘子下方,将镶好的鳄梨皮置于盘子上方。最后淋上柠檬蜂蜜汁即可。

2. 番茄罗勒海鲜

(1) 100 克熟草虾仁切块、100 克熟干贝切块、100 克熟鲑鱼切块、100 克熟鱿鱼切块、200 毫升罗勒油醋、20 毫升苦艾酒、盐少许、白胡椒粉少许。

(2) 4 片番茄片、1 个 7 厘米圆模型、4 片罗勒叶、4 片蒜香面包。

(3) 200 毫升罗勒醋的做法:70 毫升橄榄油、140 毫升醋、15 克罗勒碎、15 克洋葱碎、2 克蒜碎、盐少许、黑胡椒碎少许。

制作时间:30 分钟

份数:4 人份

将(1)中所有材料放在一起调味拌匀。

把模型放在盘中,再将番茄片顺着模型的内围排成一个圆,然后将拌好的海鲜放入填满。

把模型取出,再插上罗勒叶,附上蒜香面包即可。

3. 生牛肉饼附薄片吐司

(1) 3 克酸豆碎、2 克小鳀鱼碎、5 克洋葱碎、2 克茴香酸黄瓜碎、少许西芹碎、3 克芥末酱、少许甜椒粉。

(2) 80 克牛小里脊小丁、5 毫升柠檬汁、5 毫升白兰地、2 毫升辣酱油、少许辣椒水、少许胡椒碎、少许盐、1 个 7 厘米圆模型、1 个生蛋黄、1 克西芹叶、1 克烤薄片吐司。

制作时间:30 分钟

份数:1 人份

将(1)中所有材料放入盆中混合拌匀,再与牛肉混合调味。

把馅料放入模型,用西芹点缀,附上薄片吐司。

4. 主厨色拉

100 克美生菜、3 片紫莴苣、2 条红甜椒条、2 条黄甜椒条、2 条青甜椒

条、1片火腿切条、1片奶酪切条、1片熏鲑鱼切条、3粒黑橄榄、3粒圣女果、5克培根碎、半个煎蛋切碎、1克西芹碎。

制作时间:20分钟

份数:1人份

美生菜放入盘子中央,三边插入紫莴苣,排上甜椒片,再排入火腿、奶酪、熏鲑鱼。

将黑橄榄、圣女果放置紫莴苣上,撒上蛋碎、培根碎及西芹碎即可。

5. 华尔道夫色拉

(1) 50克美生菜、50克西芹切丝、50克青苹果切丝、25克核桃仁、15毫升动物鲜奶油、少许盐、少许白胡椒粉、50毫升蛋黄酱、少许西芹碎。

制作时间:20分钟

份数:1人份

美生菜排入盘子中成莲花状。

将西芹、苹果及一半的核桃用鲜奶油拌匀,调味再加入蛋黄酱拌匀放入已排好的美生菜中,再将另一半核桃作为装饰,撒上西芹碎即可。

六、汤

1. 英式鸡汤

鸡胸肉100克、3升鸡高汤、50克蒜苗丝、盐少许、白胡椒粉少许、30颗黑枣。

制作时间:30分钟

份数:10人份

将鸡胸肉放入鸡高汤内煮开再用小火煮10分钟。将鸡胸肉从高汤中移出、切丝,然后再放回高汤中。加入蒜苗再调味。上汤之前再加入黑枣。

2. 蛤蜊巧达汤

100 克洋葱丝、1 千克蛤蜊、100 毫升白酒、300 毫升鱼高汤、30 毫升色拉油、100 克培根、100 克洋葱丁、100 克红萝卜方片、100 克西芹丁、100 克土豆丁、2.4 升鱼白汁(用鱼骨加水熬成汁)、200 毫升动物鲜奶油、盐少许、白胡椒粉少许、50 克打发鲜奶油、10 片香菜叶。

制作时间:50 分钟

份数:10 人份

用油炒洋葱后加入蛤蜊、白酒和高汤,再盖盖子直到蛤蜊爆开,用布把汤过滤,取出肉放在另一边备用。

在另一个锅子炒蔬菜直到酥软,再加入蛤蜊高汤和鱼浓汤、鲜奶油,调味。

食用前再放入蛤蜊肉,最后汤中加入打发鲜奶油和香菜叶。

3. 罗宋汤

(1) 30 毫升色拉油、125 克洋葱丝、100 克西芹丝、50 克青蒜丝、100 克高丽菜丝、3 片月桂叶。

(2) 0.2 千克牛肉块、2 升牛高汤、5 克盐、1 克胡椒、200 克甜菜头丝、800 毫升甜菜头汁、50 克酸奶油、3 克西芹碎。

制作时间:30 分钟

份数:10 人份

将(1)中所有的材料用油炒。

加入牛肉块和高汤慢火煮至肉软,调味。再加入甜菜头丝和汁。最后加上酸奶油和西芹碎。

4. 奶油南瓜汤

750 克南瓜、100 克洋葱、2 升蔬菜高汤、2 片月桂叶、250 克动物鲜奶油、10 毫升奶油、少许白胡椒粉、少许盐、少许豆蔻粉。

制作时间:50分钟

份数:10人份

将南瓜和洋葱去皮后切碎。锅内放奶油热后,将洋葱炒过,不要炒黄,再将南瓜和月桂叶放在一起炒,勿烧焦。

加入高汤,烧开后加入豆蔻粉,用慢火煮30分钟,常搅拌,勿烧焦。

将月桂叶取出,用搅拌机把汤搅拌后,再倒回锅内。将鲜奶油加入,再调味,将汤放入南瓜盅(也可用汤碗)即完成。

七、蔬菜、土豆

1. 蛋碎西兰花

100克软奶油、3个水煮蛋碎、少许盐、少许白胡椒粉、少许西芹碎、1千克西兰花。

制作时间:30分钟

份数:10人份

奶油放入锅中用小火溶化,加入蛋碎及其余材料拌匀。

西兰花用盐水烫熟后,排入盘中,淋上蛋碎汁即可。

2. 奶酪焗花椰菜

200毫升奶油白汁、30克意式奶酪粉、15克软奶油、30毫升鲜奶油、30毫升蛋汁、少许辣椒粉、1千克花椰菜。

制作时间:30分钟

份数:10人份

将奶油白汁加热后离火,加入奶酪粉拌匀后将余下材料慢慢加入。花椰菜用盐水烫后,排入盘中淋上奶油汁、奶酪汁。

放入明炉烤箱焗至呈金黄色即可。

3. 烩红高丽菜

100毫升色拉油、250克洋葱丝、1千克红高丽菜丝、4片月桂叶、果酱

(草莓或蔓越橘)100 克、300 毫升红酒、200 毫升醋、60 克葡萄干、200 克苹果丝、50 克糖、15 克盐、2 克白胡椒粉。

制作时间:40 分钟

份数:10 人份

将洋葱及月桂叶炒软后加入红高丽菜炒至软。

加入果酱、红酒、醋、葡萄干、苹果、糖、盐及胡椒煮至水分吸收即可。

4. 土豆饼

1 千克土豆丝、100 毫升纯奶油、盐、胡椒、8 厘米不锈钢圈。

制作时间:30 分钟

份数:5 人份

将土豆以奶油炒至软、调味。

将锅用奶油热后,放入不锈钢圈,再将炒软的土豆放入,用慢火煎,慢慢地用汤匙将土豆压紧,将双面煎至金黄色即可。

八、面食及饭

1. 奶油培根意大利面

1 包(500 克)意大利面、15 克盐、150 克培根碎、150 克洋葱碎、5 克黑胡椒碎、45 毫升白酒、0.5 升动物鲜奶油、20 克意式奶酪粉、少许盐、3 个蛋黄、3 朵罗勒(装饰用)。

制作时间:30 分钟

份数:3 人份

先将意大利面用加盐开水煮约 8 分钟至八分熟,将培根炒香;加入洋葱;再加入胡椒碎及白酒;加入鲜奶油煮约 3 分钟后加入奶酪及调味汁。

加入意大利面,拌匀,装入盘中,中央放入蛋黄及罗勒叶做装饰即可。

2. 白酒蛤蜊意大利面

15 毫升橄榄油、15 克红葱头碎、10 克蒜片、150 克蛤蜊、15 毫升白

酒、200 克意面(煮熟)、12 片罗勒叶、6 颗黑橄榄、少许红辣椒、少许西芹碎、少许盐、少许白胡椒粉、1 朵罗勒。

制作时间:20 分钟

份数:1 人份

用橄榄油将红葱头、蒜片用小火炒香,加入蛤蜊和白酒加盖煮至蛤蜊全开。加入其余材料,将汁烧到浓缩至一半即可装盘,用罗勒做装饰。

3. 意式千层面

500 克意式宽面(煮熟)、300 克奶油白汁、300 克肉、150 克奶酪丝、25 克意式奶酪粉。

制作时间:1 小时

份数:5 人份

将烤皿擦上奶油,放入一层宽面、一层奶油白汁、一层肉酱,再重复二次,撒上奶酪丝,放入 180 ℃烤箱中烤约 20 分钟,取出后撒上奶酪粉,再用明炉烤箱焗至金黄色。

4. 西式奶油饭

50 克无盐奶油、100 克洋葱碎、500 克白米、2 个整粒蒜头、2 片月桂叶、500 毫升鸡高汤、50 克无盐奶油。

制作时间:50 分钟

份数:10 人份

将洋葱用奶油炒香,加入白米、蒜头、月桂叶、鸡高汤放入电饭锅内,用一杯水煮熟。将饭中的月桂叶和蒜头取出,把饭倒入盒子中加入奶油调味拌匀,即可。

5. 牛肉或羊肉咖喱饭

200 克奶油、500 克洋葱丝、5 片月桂叶、2 千克牛肉或羊肉块、1 升高汤或水、100 克红咖喱糊、5 克黄姜粉、少许盐、0.5 千克炸土豆块、

5 克香菜叶。

制作时间:1 小时 30 分钟

份数:5 人份

将洋葱、羊或牛肉及月桂叶炒约 5 分钟,加入水煮开后用慢火煮至软。加入咖喱糊及黄姜粉调味。加入土豆及香菜,附上饭即可。

九、海鲜及贝壳类

1. 罗勒烤鲈鱼

150 克鲈鱼菲力、3 片南瓜、3 片番茄、10 毫升白酒、10 毫升奶油、25 克洋葱丁、70 克菠菜、少许盐、少许胡椒、1 个已烤好带皮蒜头、蒜味罗勒油、3 克九层塔碎、5 克蒜碎、50 毫升橄榄油、少许盐、少许胡椒。

制作时间:25 分钟

份数:1 人份

将鲈鱼菲力两面煎后放入烤盘中,皮朝上,随之即在鱼皮上面将番茄片与南瓜片一片接一片叠好,撒上白酒放入 450 ℃的烤箱中烤约 8 分钟至熟。然后将洋葱与奶油炒香再加入菠菜调味备用。将菠菜放在盘中随之将鱼放在菠菜上,在上面放已烤好的带皮蒜头。淋上蒜味罗勒油即完成。

2. 锡纸包鲈鱼

1 片锡箔纸、1 块鲈鱼、5 克洋葱丝、5 克红萝卜丝、5 克西芹丝、1 克姜丝、3 毫升白酒、30 毫升白酒汁。

制作时间:30 分钟

份数:1 人份

将锡箔纸擦上奶油,放入鲈鱼、蔬菜丝、姜丝、白酒及白酒汁。将锡箔纸边缘折紧包严放入烤箱用 200 ℃烤 10 分钟。

十、烘焙

烘焙自古以来即被使用,历史上关于此类记载屡见不鲜,最早可溯及

埃及金字塔时代,埃及人是世界上最早利用酵母来做面包的。公元六千年前,他们已知将面粉加水、马铃薯及盐拌在一起,放在热的地方利用空气中的野生酵母来发酵,等面团发好后再掺上面粉揉成面团放在泥土做的土窑中烘烤,但那时他们只知道发酵方法但是不懂得其原理。

到 15 世纪,一位瑞典公主外嫁至法国,成为皇后,这位公主对烘焙非常喜好并提倡烘焙,因此一些烘焙专业人员着手研发各类烘焙食艺,烘焙业的昌盛便从 15 世纪法国遍及世界各国,烘焙业也渐渐普及。

但一直到 17 世纪后才发现了酵母菌发酵的原理,改善了古老的发酵法。

海绵蛋糕是人类懂得用蛋、糖和面粉混合在一起调制的最早的一种蛋糕。鸡蛋具有融和空气和膨大的双重作用,利用拌发的鸡蛋、再加上糖和面粉,使用这些配好的面糊无论是蒸、炊,或是烤、焙都可以做出膨大松软的蛋糕。渐渐地,由于烤炉型式的改变和口味的不同、配方中蛋和糖的比例的调整,成品因膨大和松软形似海绵,所以被称作海绵蛋糕。

1. 烘焙材料

(1) 粉类材料

为烘焙制品中最基本、用量最多的一种原料,乃由小麦磨制而成。依蛋白质含量之多寡,使其具有不同之特性。

ℓ 高筋粉

小麦粉蛋白质含量在 12.5% 以上,为面包、油条主要原料;西点多使用于松饼、奶油空心饼中。蛋糕配方中限于高成分水果蛋糕。

ℓ 中筋粉

小麦粉蛋白质含量在 9%～12% 之间,多数用于家常面食如馒头以及各式中式点心材料如蛋挞、各种酥饼等;西点中多使用在派皮和油炸甜圈的配方中。

ℓ 低筋粉

小麦粉蛋白质含量在7%～9%之间，为制作蛋糕主要材料。

ℓ 玉米粉

为玉蜀黍淀粉，溶水加热至65℃时开始产生胶性，多数用在派馅的胶冻原料中或奶油布丁馅。

ℓ 黑裸麦粉

多质感，较酸性，此粉类大多用于面包、小西饼制作，粉质较无筋性，因此大多增加高筋粉来辅助筋性的不足。

ℓ 白裸麦粉

湿性较大，筋性较差，性质浅酸，大多用于制作面包、小西饼，用途并不广。

ℓ 裸麦粉

系由裸麦磨制而成，因其蛋白质与小麦不同，不含有面筋。

ℓ 杂粮粉

杂粮粉为多酸质粉类，粉体内多种软粮混合调制而成，大多用于面包制作，但会借助高筋粉来辅助调制，才能提高它的筋性。

ℓ 太白粉

由马铃薯、玉蜀黍、莲、荸荠、绿豆、树薯、番薯等所制成的粉末。

ℓ 全麦粉

属全无筋性粉类。用于蛋糕、面包制作。但制作这两项食品时须用无筋粉来增加它的筋性，才不至于作出食品时过于松软。

(2) 油脂类材料

油脂是从动物的脂肪和植物的油分中所榨炼出来的。天然的油脂中不掺入任何其他化学物质，但在精制过程中为了能适应气候温度的变化，

并易与配方中其他物质混合均匀起见,掺入乳化剂或不同氢化程度的油脂。油脂依据其相关的来源,一般可分为植物性、动物性和动植物混合三种。

动物性油脂:如奶油;

植物性油脂:如花生油;

动、植物混合油脂:如玛琪琳。

乳化剂之功用:即使油水不能分离之物质,油水混合时,加入乳化剂并经振荡,形成非常微小之粒子均匀分布在水上,这种作用叫乳化作用。

ℓ 白油

俗称化学猪油或氢化油,系油脂经油厂加工脱臭脱色后再予不同程度之氢化,使成白色固体的油脂,多数用于面包之制作或代替猪油使用。

ℓ 奶油

有含水和不含水的两种,一般面包工厂以采用不含水的较为经济,真正奶油是从牛奶中提炼出来的,为做高级蛋糕、西点之主要原料。

ℓ 酥油

最好的酥油应属于次级的无水奶油,而一般以低熔点的牛油来充作酥油。最普遍使用的酥油则是加工酥油,是利用氢化白油添加黄色素和奶油香料而配制成的,其颜色和香味近似真正的酥油,可普遍用在任何一种烘焙产品中。

ℓ 猪油

是由猪之脂肪提炼的,大多用于中式点心,味道较重。

ℓ 色拉油(液体油)

油在室内温度(26℃)呈流质状态的都列入液体油,液体油最常使用的有色拉油、棉籽油、菜籽油、红花籽油、花生油等。除了花生油可用在中式点心类的饼皮、色拉油用于戚风、海绵蛋糕外,其余均不适用在其他烘焙产品中。

ℓ 起酥玛琪琳

本类玛琪琳内含有熔点较高的动物性牛油,用作西点和起酥面包或膨胀多层的产品中,一般含水以不超过 20% 为佳,如含水量在 20% 以上将影响产品质量。

ℓ 玛琪琳

玛琪琳含水 15%～20% 及盐 3%,熔点较高,系奶油的代替品,多数用在蛋糕和西点中,因其价格较油便宜之故。

ℓ 鲜奶油

由鲜奶浓缩,使含油量达到 27%～38%,可用作蛋糕表面霜饰之用。

ℓ 橄榄油

大致为使面包不黏,与鲜奶油搅拌,调整硬度。

ℓ 乳化剂

是一种化学剂,种类甚多,用在油脂内可使油和水的分子相结合,使搅拌后的面糊融水量增加,细腻而不会油水分离。

(3) 糖类材料

糖一般来源是由甜菜和甘蔗中提取出来的。每一种糖的性质都不相同,它们对烘焙产品所产生的作用亦不尽相同,所以在使用糖时须了解每一种糖的性质,才能控制烘焙产品之品质。

ℓ 细砂糖

为一般烘焙工业所常使用的糖,除了几种特殊的产品外,大多面包、蛋糕西点中均适用。

ℓ 糖粉

糖粉又称糖霜。糖粉为洁白的粉末状,糖颗粒非常细,一般含有

3‰～10‰的混合物,通常使用的是玉米淀粉,起防潮及防止糖粒纠结的作用。

ℓ 粗砂糖

用于海绵蛋糕发酵,与煮化糖浆及面包搅拌。

ℓ 枫糖

属于液体糖浆,大致用于装饰奶油的原料之一。

ℓ 转化糖浆

砂糖加水和酸,在一定温度下煮相当时间,冷却后加碱中和即为糖浆。此糖浆可经久保存而不结晶。

ℓ 蜂蜜

用于蛋糕或小西饼中增加特殊的风味。

(4) 膨大剂材料

其作用在于使产品松软可口,依面糊之酸碱程度或含水量之多寡,选择适合之膨大剂。

ℓ 小苏打

为化学药剂之一种,使用于巧克力或可可蛋糕以及其他酸性较重的蛋糕配方中,或小西饼配方内。可增加成品之色泽。

ℓ 发粉

又称泡打粉,为双重发酵,药性温和,使用在一般蛋糕和小西饼配方中。

ℓ 塔塔粉

酸性盐,用来降低蛋白碱性和煮转化糖浆之用,于制作蛋白产品时添加,如天使蛋糕。

ℓ 碳酸氢氨(NH_4HCO_3)

化学膨大剂,效用同碳酸氨,但在 50 ℃时才开始作用。

(5) 奶类材料

烘焙食品中液体材料的来源,也具有使食品着色之功能,应小心贮存,勿使之变质或结块。

ℓ 牛奶

为鲜奶,含脂肪 3.5%,水分 88%。

ℓ 蒸发奶

浓缩奶的一种,多数用马口铁罐装,使用时须掺一半清水稀释奶浓度后使用。

ℓ 脱脂奶粉

为脱脂之固形奶粉,为烘焙工业取代奶水用途最好之原料,使用时通常以十分之一脱脂奶粉兑十分之九清水混合使用。

(6) 蛋类材料

选择每只蛋重约 55～60 克左右最理想。其中蛋壳占 10%～12%;蛋黄 32%;蛋白 56%。

ℓ 全蛋

蛋白、蛋黄不连壳之液体蛋。

ℓ 蛋白

全蛋除去蛋黄,用作天使蛋糕中。

ℓ 蛋黄

全蛋除去蛋白部分,经常被用作蛋黄蛋糕配方。

(7) 其他材料

ℓ 可可粉

由巧克力浆内的可可油脂压出后所剩之块状固形物,经研磨而成,有高脂、中脂、低脂,有经碱处理和未经碱处理者数种,为制作巧克力蛋糕和其他巧克力产品的原料。

ℓ 香草粉

由香草豆提炼而成,具有解蛋腥味之功效。使用时,要注意数量,并贮存于凉爽干燥之环境。

ℓ 盐

一般使用细致之精致盐,除了调味外,对烘焙食品具有多种作用。

ℓ 葡萄干

是最富有营养的一种脱水水果,由新鲜成熟的葡萄经阳光暴晒脱水而成,水分含量约 17％～18％左右。

ℓ 豆蔻粉

由豆蔻子磨碎而成,具非常独特之芳香味道,温和微苦,属散发、挥发性油,应注意使用量。

ℓ 肉桂粉

取自树皮研磨而成,味道芳香浓重,常用于面包、蛋糕及其他烘焙食品。

2. 烘焙操作术语

ℓ 装盘

整形后面团装进规定之烤盘内。

ℓ 进炉

完成最后发酵的面团进炉烘烤,或是装盘后的蛋糕面糊或西点进炉烤焙。

ℓ 面团

系指较干、可用手整形的面粉混合物。

ℓ 面糊

系指较湿而无法用手整形的面粉混合物,一般做蛋糕时搅拌后的混合物均称为面糊。

ℓ 糖油拌和法

为蛋糕搅拌方法之一种,先用糖和油一起搅拌,再添加蛋,次为牛奶和面粉,加入拌匀即可。

ℓ 湿性发泡

搅打蛋白的适当程度,以用手勾起时稍微垂下而有尖锋为准。要做蛋白类的产品时,蛋白应打至此阶段。

ℓ 干性发泡

搅打蛋白的程度。此阶段蛋白呈坚硬而洁白的固形状态,用手指勾起蛋白有尖锋而不垂弯。

ℓ 刷蛋水

面包或西点表面用调好之蛋和水之混合液抹拭,以产生明亮的光泽。

ℓ 松弛

面包或西点操作过程中,给予短暂的放置,其用意是使面团中的面筋恢复至柔软而易于操作之进行。

ℓ 裹油

丹麦面包或松饼制作过程中,面团须另外包入部分油脂,此步骤即为裹油。

ℓ 折叠

丹麦面包或松饼面团包油后之操作程序。

3. 戚风类蛋糕

蛋糕制作依使用材料、搅拌方法及生糊性质之不同,可分为面糊类、乳沫类及戚风类三种蛋糕体。

戚风类蛋糕乃综合乳沫类及面糊类蛋糕两种面糊所制成。该类蛋糕系利用面糊中的膨大剂及乳沫中蛋白的起泡作用,进炉加热膨大而完成应有的体积和组织。其配方中的油脂以流质色拉油为主。戚风蛋糕最大

的特点是组织松软、水分充足,久存冷藏不易干燥,气味芬芳,口感清爽,适宜装饰制作鲜奶油蛋糕或冰淇淋蛋糕。

戚风蛋糕所使用基本原料有:面粉,糖,盐,发粉或小苏打,蛋,油,牛奶、果汁,塔塔粉,可可粉等,其中油脂以流质色拉油为主。

制作戚风蛋糕的程序大致可分为:

蛋黄面糊的搅拌、蛋白的打发、拌和、烤焙、冷却、成型。

(1) 蛋黄面糊的搅拌

其中因蛋白部分短时间易消泡,所以可依下列步骤及手法来操作,以避免失败。

a) 蛋黄、糖放置盒中搅拌至糖颗粒稍溶解,约2分钟;

b) 奶水(果汁)、色拉油、可可粉拌入 a)项搅拌,使呈现均匀之状态;

c) 粉料、香料、发粉事先过筛均匀后,分次拌入 b)项,勿使面糊结粒或搅拌太久,易使面粉起筋性,只要使面糊呈现黏稠,有光泽且均匀之状态即可。

(2) 蛋白的打发

材料:蛋白、糖、盐、塔塔粉。

取一干净之打蛋盆,加入蛋白、盐、塔塔粉,先以中速打至湿性发泡,再将糖分3次加入打至硬性发泡,以刮刀由下往上舀起蛋白,末端翘起,蛋白呈现光泽状态为准。

(3) 拌和

为避免蛋白的消泡,影响体积及组织,先取1/3量蛋白乳沫,放入蛋黄面糊中轻轻往上翻拌,避免搅翻太多空气至面糊中,拌匀后,再将另外2/3量蛋白乳沫拌和,使二者充分混合均匀。动作如太慢,易产生水性。

(4) 烤焙与冷却

戚风蛋糕最难之过程是炉温的控制,适当的上、下火可避免出炉的蛋糕收缩,一般而言,烤戚风蛋糕温度应较其他蛋糕低。

大型、厚实之实心烤模 165 ℃ 40～50 分钟出炉后立刻自烤盘中取出,倒扣;小型、薄层之杯子蛋糕,平烤盘 170 ℃ 20～35 分钟出炉后将衬剥除,以防收缩。

测试蛋糕中央部位,以手轻轻触摸表面,如有坚实感,即已烤熟,应立即自炉中取出;如手指按下仍有沙沙声或液体振动的感觉,则需再给予一些时间烤焙。

蛋糕烘烤过程中,如仍有生糊应避免翻转时之撞击,使蛋糕凹陷。

(5) 成型

待冷却后依所需样式卷成蛋糕卷,可以果酱或糖霜来帮助黏合;如是实心烤模则使用工具,自模边轻刮取下蛋糕。

ℓ 巧克力戚风蛋糕(2 000 克 1 盘)

材料:a) 小苏打粉 2 克、可可粉 80 克、热水;

b) 低筋面粉 300 克、泡打粉;

c) 蛋黄 440 克、细砂糖 180 克、色拉油 320 克;

d) 蛋白 960 克、细砂糖 130 克、塔塔粉 2 克。

器具:平烤盘 1 个、搅拌机(缸)1 个、钢丝拌打器 1 个、直型打蛋器 1 把、打蛋盆 1 个、软刮板 1 片、磅秤 1 个、筛子 1 个、隔热手套 1 副、西点刀 1 把、长型擀面棍 1 根、煮锅 1 个、抹平刀 1 把、模造纸 2 张。

做法:将 a)项之材料拌匀、过筛。b)料过筛,待用。c)料依序拌匀,再与 a)、b)料拌匀,使成面糊。d)料蛋白加塔塔粉先搅拌至湿性发泡后,再分 3 次加入细糖,搅拌至干性发泡。取 1/3 蛋白糊与面糊拌匀,动作需轻柔快速,再倒回剩余之蛋白糊内拌匀,勿使之消泡,注意搅拌缸中不可有油、水。平烤盘垫入裁好之模造纸、装盘,表面抹平,敲模一下,逼出面糊中多余气体。进炉 180 ℃,烘烤 22～25 分钟。待蛋糕冷却后,撕去白纸,抹上打发之白油糖霜,末端表面切两三刀,以利蛋糕卷起。固定10分钟后,切割成成品。

备注:因是乳沫、面糊之混合,蛋糕必须待完全冷却后再抹上奶油霜,以免奶油溶解,影响外形。可利用棍面来做卷起,使之成型。打蛋白之容器应保持干净,勿存有水或油脂,有助于蛋白之打发。

4. 乳沫类蛋糕

乳沫蛋糕属于暂时性泡沫质蛋糕,是历史上最悠久的一类蛋糕。它属全蛋搅拌法,在搅拌过程中借助蛋黄乳化作用,利用搅拌吸入空气膨胀法,来膨胀蛋糕,其组织松软、细致。一般制作此类蛋糕的油脂、化学药剂、面粉的pH,都会影响蛋糕体,一方面要注意它的发酵程度,另一方面粉末搅拌以它的泡沫性为准,才能控制组织的体型。

此类蛋糕组织细致、香味浓,富有弹性、有咬劲。

ℓ 海绵蛋糕(1个)

使用全蛋或另添加蛋黄作为蛋糕膨大和供应液体的原料,配方内不需使用化学膨大剂,但在搅拌的后阶段可酌量添加部分流质油脂。因蛋糕组织松软而有弹性似海绵,故称海绵蛋糕。

材料:低筋粉1 000克、砂糖1 500克、蛋白250克、盐20克、色拉油300克、脱脂奶粉30克、全蛋1 300克。

器具:8寸活动模1个、剪刀1把、搅拌机(缸)1个、钢丝拌打器1个、打蛋盆1个、直型打蛋器1把、软刮板1片、磅秤1个、筛子1个、隔热手套1副、蛋糕叉1把、量匙1把、煮锅1个、模造纸1张。

做法:蛋、糖、盐混合搅拌发酵。发酵后再加蛋黄。面粉、奶粉过筛倒入拌匀,再加入色拉油拌匀即可。100℃~180℃,烘烤25分钟即可。

备注:因是乳沫、面糊之混合,蛋糕必须待完全冷却后再抹上奶油霜,以免奶油溶解,影响外形。可利用棍面来做卷起,使之成型。打蛋白之容器应保持干净,勿存有水或油脂,有助于蛋白之打发。

5. 面糊类蛋糕

以重奶油蛋糕为例,其另有一名称作磅蛋糕,因为使用的原料为面粉 1 磅、糖 1 磅、鸡蛋 1 磅、奶油 1 磅,装盘欲烘烤的重量亦是 1 磅;也叫作布丁蛋糕。这一类蛋糕之主要原料有面粉、固体油、蛋、糖、盐、发粉、奶水,成本较一般的高。其组织较紧密,颗粒细腻,油脂用量介于 40%～100%,发粉则低于 2% 以下,适合以中温(162 ℃～192 ℃)来烤焙。主要的膨大力量来自奶油搅拌过程中拌入的空气,进炉受热而膨胀。搅拌方法影响蛋糕组织,一般而言不作任何奶油霜,可变化成各式水果蛋糕。此类蛋糕忌用快速法打发,因为容易拌入过量空气,并产生摩擦热,发生溶解现象而影响发酵程度。特点是有咬感,具有奶油香味,较能存放。

ℓ 重奶油蛋糕(5 份)

材料:a) 酥油 200 克、玛琪琳 200 克、白油 175 克、糖粉 555 克;

b) 蛋 500 克、奶水 95 克、低筋粉 605 克、发粉 10 克。

器具:长方形烤模 5 个、软刮板 1 片、打蛋盆 1 个、手用打蛋器 1 把、磅秤 1 个、筛子 1 个、隔热手套 1 副、搅拌机(缸)1 个、橡皮刀 1 把、西点刀 1 把。

做法:将 a)中材料打发。逐一加入 b)中材料,使其完全混匀。其间奶水徐徐加入后,即以慢速拌入粉料,勿搅拌过久。取长方形烤模,涂上一薄层奶油,撒上高粉防黏后,倒入面糊,使之均匀散布于烤模。以 150 ℃～170 ℃烤至上层裂开,着色后改 100 ℃～170 ℃约 45 分钟,烤熟即可取出。

备注:加蛋时不可太快,以免导致油、水分离,就会影响蛋糕的组织、外形。

chapter 4 >>

第四章
空间收纳

一个合理利用的空间,哪怕面积不大,也会显得宽敞整洁。

一个懂得收纳的家居,哪怕东西再多,也会住得舒适方便。

如今,收纳不仅仅是一种家务,更是关乎空间美学的一门生活艺术。

将传统而平实的收纳观念改变,让具有审美意趣的收纳创意,为家带来意想不到的惊喜和美丽。

家是一个需要色彩和活力代替单调的空间,把收纳变为生活细节之处的主角,让我们拥有更加便利的生活。而最重要的是,这些收纳方式令那些与美无缘的杂物以智能和灵感闪现的方式呈现出最可爱的一面。

衣服按颜色摆挂整齐、便于取放,鞋子都擦洗干净、摆放有致,以及那些抽屉和隔板,壁橱里的一切井井有条。这样的收纳空间,哪个女人会不喜欢呢? 其实,你也能拥有这样的现实。开发储物空间,潜力大大,而关键在于你在收纳方面有多聪明。

■ 第一节　衣物与卧室收纳

卧室是淋漓尽致展现浪漫舒适的空间,完全私人化的领地,需要最贴心的收纳方法,在打理出整洁环境的同时,营造亲切的入睡氛围和浪漫情调。而在很多人家里,总会有各种整理不完的杂物——各种衣服越积越多,书桌抽屉不够用,常用的东西取用不够方便,而没有抽屉的书桌虽然更便于利用空间,但各种小物品的收纳又会出现问题。所以,卧室的收纳必须充分考虑到生活便利和整理方便,让这个私人领地变得整洁、美观,营造出称心如意的舒适生活。

高品质的收纳,总是让艺术和实用完美结合。可以采用特殊的收纳家具,如有抽屉的床尾矮桌,或者带有储物筐的床头柜等,桌面可以放置一些随手取用的小件物品或者装饰品,而抽屉或者柜体部分则可以根据需要收纳物品。总之,卧室收纳应品质情调兼具。

一、卧室收纳方案

1. 纵向利用闲置空间

床头柜是床边收纳的好工具,别小瞧它,用来放装饰品的小几柜,其实收纳的潜质很高。小东西可有着大智慧,选择一个方正的几柜,里面就可以放置小抱枕等其他常用品,其高度可以纵向最大限度利用床边空闲位置;上边放置一些小摆设或者枕边书,都会为卧室增加浪漫风情。床头两边的墙上,各放置一个储物盒,可以是藤质的或者布艺的,用来放置报刊书籍,这样一个小型的休闲阅读空间就出现了。另外,墙壁的上方可以用搁板,放置一些精美的摆设或者小型的花卉盆景等,下面可以挂照片或者装饰画,让墙壁成为一处风景。

2. 床中之床

这一招更妙!虽然还是"抽屉原理",但这次将"抽屉"做大了,不仅可以存放被子、衣物,还可以当床用!当想要留宿你的闺房密友或是铁哥们时,你只需像拉抽屉一样拉出这个"床中之床"就可以了。

3. 升高床,扩大空间

这一招将床下空间的利用发挥到了极致。为了获得更大的床下空间,我们干脆将床"升"到空中去。你可以在床下的书桌上读书、工作,累

了只要爬上梯子,就可以拥抱你的"温柔乡"了。

4. "空中"收纳

要想充分利用卧室中的垂直空间,悬吊式收纳袋和壁挂式收纳袋是两件必备法宝。悬吊式收纳袋具有良好的透气性,并且不使用的时候可以折叠起来,十分节省空间。壁挂式收纳袋外形充满现代感,质地柔软,不仅可以帮助你整理卧室中的小件物品,还装点了卧室墙壁。

5. 床底

通常在床尾不放置任何东西,但可以利用床自身的收纳柜,这个收纳柜可以放置被子、内衣和一些经常使用的零星物品。所以,一个带储物柜的床就是你最佳选择,可以节约很大空间,尤其适合小户型的房间。

二、衣柜收纳设计

单门衣柜的背后若能充分利用起来,收纳量将比传统衣柜多出一倍。

收纳袋特有的多格设计可以满足你的存储需求,将衣柜门后的空间再利用以分类存放更多物品。

单只黏钩的价格便宜,超市或大型卖场都能找到。其收纳灵活度极高,且易于使用,可以运用在衣柜侧面等地方,增加空间边角的利用率,是家居收纳的得力助手。

腰带、项链或围巾等饰品可以运用隐藏式的存储方法,而不必占用衣柜的空间。将长形的衣架安装在墙面与家具的缝隙中即可,你是不是已经遗忘了这些角落?那还不快点去开发家里其他边角的存储空间。

一个大型衣柜确有足够的储物空间,为了防止混乱的状况再次出现,还是需定期进行整理,对于已经失去利用价值的物品来说应当果断处理,才能还你一个干净的收纳空间,否则再大的储物面积也是枉然。

衣柜同时也能开发出相关的别致功能:开放式的平台可以打造成一个化妆区,放上一面镜子及若干保养品或首饰盒,一个衣柜就此转型成了梳妆更衣室。或者可以利用窄柜进行收纳,以存放小物品。能够调节每层高度的隔板可以方便地根据自己的需求安排不同的存储区间。

想让抽屉里的有限空间变得美观,并存放更多物品,可以选择单元格专门存放常用的小东西、饰品或化妆品,便于分类管理,且有不同的尺寸可供选择。

儿童衣物不比成人物品占地面积大,因此针对它们的实际尺寸来重新规划衣柜里的悬挂区,将原本高大的空间拆分为二以此扩容。而随着孩子的成长变化,只需适时调整挂杆的安装位置即可轻松改变内部格局。

衣柜的悬挂区并不是说简单的挂起来就可以,每件吊挂的物品都要保持适当的距离,不要拥挤在一起,以保持整齐而美丽的观感。

好多家庭的衣柜,只是用来挂衣服,空出了许多空间,无法利用。这里就介绍如何更好地利用衣柜的空间,以及上、下层的使用。

a) 充分利用上层的空间:要想办法使其变得更容易存取,适合放置偶尔使用的物品。

b) 充分利用深处的空间:安放纵深合适的小筐,就能有效地利用空间了。

c) 充分利用吊挂衣服下面的空间:衣柜里挂着的衣服下面是宝贵的收藏空间。把衣服根据长度顺次排列,就可以放入符合下面空余高度的用具,如带有小脚轮的储物框,而且更便于清扫。

d) 利用挂衣杆悬挂衣物时,一般占用 60 cm 纵深的空间(肩宽约60 cm),如果衣柜的纵深大于 60 cm,就会产生空间的浪费。可以考虑在挂衣杆的外侧,再安装一根横杆,用来悬挂裤子。

e) 充分利用门扇内侧的空间。衣柜门的内侧也是收藏的空间。安装挂钩,可直接挂东西,十分方便。安装铁丝网,可以悬挂各种各样的物品。把皮带和丝巾之类的小装饰物挂在门里面,既方便又易挑选。网状

衣架可以配合黏钩、挂钩和小盒使用。

三、添置一个衣帽架

白天穿的衣服,晚上到家后随手一放;上班用的包,到家后随手一撂。如果有一个专门的衣帽架,这些东西就不会被随手放了。如果在家具设计时考虑到给这类衣物一个收纳的空间,就能从设计上先期解决这个问题。比如,在合适的地方设计一个衣帽架,可以挂长大衣,还能放鞋子、手袋、毛巾,多方便!

四、为衣橱"瘦身"

每个季节,我们都应该好好整理整理衣橱,处理掉那些你不想穿、不适合或没机会穿的衣服。把这些衣服分三类来处理:一类是要捐的,一类是可以回收再利用的,还有一类是直接扔到垃圾桶的。

在衣帽间中设计一组独立的抽屉,用来存放那些经常要用或者自己喜欢的物品。如果设计时没有这样的地方,后来再配一个独立的小推车也能起到同样功效。当你步入这个空间,迎面而来的这个可爱的小柜,将令你感到那么的贴心和惬意!

如果家里空间足够,一个步入式的衣帽间是最合适的。衣帽间设计的技巧在于,切实结合你所拥有的空间来进行创造性的设计。不过如果空间太小,那还是算了。

专家收纳贴士:

l 综合收纳橱正是当下的家具时尚热点,一个这样的空间是时尚的你不可缺少的。请记住,正如人们对收纳橱的外观费尽思量一样,对于其内部的结构,也应不遗余力地好好安排。

l 除了抽屉和挂杆,我们还需要更多的收纳设施和空间组织形式。比如,领带架、抽屉组合、裤架和杂物篮等,这些设施是衣帽间效率的"提升器"。

l 小装饰品和一些零碎的物品,可以用盒子来收纳。最好用不同的

盒子或者里面带隔板的盒子,来收纳不同类型的物品。

ℓ 将壁橱的下部设计成鞋架,把鞋子分类码好。专用的鞋支架能使鞋子处于最适合的摆放状态。最喜欢的鞋子一定要摆在鞋柜最方便取放的地方,以便于一拉开鞋柜就能找到它。只有那些不经常穿的鞋子,才有必要装盒存放,但也不要放得过高或过低,否则你取出来很费劲,就更没兴趣穿了。

ℓ 柔软臃肿的针织衣物由于很占空间,所以应该加以注意。带有很多抽屉的地柜,一方面可以收纳这类衣物,同时也能用来陈设摆件。

ℓ 换床套时最方便的,就是能够轻松地找到床单、被套、枕套等物品。因此,把床上用品收纳在一处,是聪明人的好习惯。

ℓ 用真空收纳袋将被子等占地方的衣物收纳起来,很能节约壁橱上下部和床底的空间。

ℓ 有一些平常的选择其实并不实用,比如鞋盒,与鞋架相比,取放鞋子不如后者来得方便。

ℓ 在选购一大组家具前,最好想好你将来要放什么在里面。如果你的东西很多,最好只把当季的衣物放在一个小柜子里,然后将其他季的放在其他地方。

ℓ 要想使综合收纳壁橱空间最大化,一个办法是充分利用转角处的空间,另一个是多装挂杆。

总之,选择那种可调整的收纳空间组合方案,便于随时增加或者调整组合,来满足你的收纳需要。

五、冬季衣物收纳小窍门

1. 被子

(1) 娇气怕压的羽绒被、蚕丝被

特性:怕暴晒,不能水洗。

羽绒被和蚕丝被最怕积压,千万不能放在真空袋子里;也不能磕碰到尖锐的东西,所以需要放置在有一定支撑能力的盒子里才行。

(2) 很轻但很占地方的化纤被

特性:不可机洗,不怕挤压受潮。

普通的七孔、九孔被都属于化纤被,它很易于保管,也不怕晒太阳;以真空储物的方式去保存是最省空间的。

(3) 不能暴晒的羊毛被

特性:可以水洗和烘干,怕晒。

这种被子一定要防止生菌,所以购买时的无纺布储物包装最好不要扔,不用时,就装回去,放置在阴凉干燥处。

(4) 最怕潮湿的棉被

特性:不能水洗,怕潮。

棉被天然保暖,而且不易寄生病菌,保养的时候也很方便,经常晾晒就可以,不用时放置在床柜或者干燥处,如有条件,也可以进行真空收纳。

2. 皮衣

第一步:把家中的皮衣、裘皮大衣等皮革制品拿到干洗店清洗(皮革制品必须干洗)。

第二步:在天气晴好的时候,把皮衣放在阴凉处通风(避免阳光直射)。

第三步:把衣柜腾出一个相对宽敞的空间,便于存放皮衣。

第四步:在大衣口袋里放上一颗用纸包好的卫生球。

第五步:找个带有宽肩垫的衣架,悬挂皮衣,然后再罩上干净的旧单衣或布(不能罩上塑料袋等阻碍空气流通的物品)。

皮衣不可以折叠存放,更不能被其他衣物压在下面;存放地方要宽敞通风干燥,不让皮毛受挤压、受潮;靠洗手间的那个墙面比较潮湿闷热,不适合存放皮衣。

六、小饰品收纳

丝巾和披肩等小饰品,若叠起来放置,在取放时容易松散,变得杂乱无章,还会产生讨厌的褶皱。可以轻折后用毛巾架悬挂在衣柜门的内侧。

利用衣柜门的内侧收藏领带。将领带悬挂在毛巾架上,为了使每次开关衣柜门时不产生晃动,可以把领带塞入松紧带和挂钩制成的空隙里加以固定。

用刀具在海绵上切出小口,并用该海绵铺满小盒子,可以用来放置戒指。

用一个薄纽扣收藏一组耳钉,耳钉面朝上放置。

用吸管防止项链缠绕在一起。将吸管用剪刀剪开,并调节长度。将一段项链放入吸管中,就不会缠绕,也不易损坏了。

一个密封袋装一个饰品。首饰有圆的,有链条的,若把它们集中到一起,很容易产生碰撞、摩擦。若每一个都在可密封的塑料小袋里,就放心多了。

在木质的衣架上安装 L 形的挂钩。将皮带悬挂在挂钩上,挂在衣柜中。

在衣柜的内侧面依次安装挂钩,用来悬挂带洞的物品。因为挂钩可以移动,即便是挂在里面的物品,也方便取放。

将大约3米左右的布悬挂在衣架上,用别针固定边缘。然后根据手提包的大小,用别针制作隔层。对于皮软的手提包,可以将装入布袋的手提包竖立放置在罐装啤酒的空纸箱内,那松松垮垮的样子和讨厌的褶皱就都不见了。将罐装啤酒的空箱切开,并在切口处用胶带加以固定。

■ 第二节 客厅收纳

客厅收纳，整洁兼具装饰。

客厅是主人对家最直白的诠释，其风格很大程度上体现了主人的志趣和品位。但无论怎样，归根到底都还是希望将客厅打理得井然有序，于是，客厅的收纳问题就显得尤其重要了。一个较大的客厅，在摆放了沙发、电视柜等家具之后，常常有许多剩余的空间。但正因如此，一些其他空间里放不下的东西就被放在了客厅的各个角落，让客厅在不知不觉中变得杂乱——沙发上堆积的杂志、随意散落的遥控器……但客厅里总有些小对象每天都要使用，摆在桌上会显得零乱，而收藏起来则影响使用方便。因此，用于客厅的收纳一定要便利，又要有一定的装饰效果，才能相得益彰。那些有收纳功能的家具，在这个时候有了用武之地——不仅外表漂亮大方，还非常实用。

客厅收纳实用方案

方案 1：利用沙发背后的空间

客厅一般都以沙发为中心，沙发后面的墙壁便具有了装饰的功能。布置这个空间的时候，可以考虑开放式家具，既做收纳又做展示。如简单放置一些搁板，再摆放一些相框或者钟表、小玩具等。放置竖款 CD 架，既可以大量地收纳 CD，也可以作为一种漂亮的展示；同时还可以利用沙发扶手旁边的空白墙壁，在这个较低的位置上挂置一个报刊架；沙发前的茶几下也有空位，放置一个储物箱，方便又实用。

方案 2：巧用多功能家具

在客厅里如果有一个角柜，角柜上可以放置台灯和茶具等，角柜里可以放书籍杂志，这样配合沙发就能营造一个简单舒适的阅读空间。一般家具都是规则的方形,并且我们习惯把家具贴墙放置,这样在家具侧面和墙之间就有一个三角形的空闲地带,用来放置一些报纸杂志和零碎物品。开放式储物架的好处就是拿取方便,同时具有装饰功能,很适合在客厅使用,摆放一些主人收藏的物品、观赏品以及书籍,方便客人欣赏,同时也展示了主人的生活情趣。

a) 茶几的收纳功能

要想在客厅得到更多的空间,应该好好"挖掘"一下茶几的"潜力"。茶几的透明桌面下可以带一个分成好几格的抽屉,把漂亮的杂志还有原先杂乱无章摆放的小饰品放在里面。这一招不仅让客厅空间变得干净整洁,美化了茶几,还为你的小饰品找到了独特的"展台"。

b) "拔地而起"的升降桌

在架空于地面之上的榻榻米上做文章是个另类的想法。不过谁见了这样的升降桌都会为它实用而巧妙的构思而叫好。当桌子隐藏在地面中的时候,榻榻米上一片平整,可以睡觉、练习瑜伽。而当按下机关让桌子缓缓升起之后,这里就变成了可以吃饭、工作,甚至和朋友打牌的好地方。

c) 沙发和睡床的角色转换

对于小户型来说,留宿客人总是一个令主人尴尬的事情。现在,客厅里可以"变身"的沙发能够为主人分忧了。留宿客人的时候,只需要将隐藏在沙发内部的弹簧床拉出来就行了,十分方便。平时,沙发还是沙发,谁也不知道它与主人之间的小秘密。

d) 墙角的对角折叠桌

墙角是人们在室内活动时不常接触的地方,往往是一个被人们忽略的角落,其实只要选择了合适的家具,墙角也能"变废为宝"。在那里设置角架或角柜,既容易固定,又不影响室内活动。一个可以沿对角线折叠的小方桌是你改造墙角的好帮手。折叠起来后，它就变成了富有情趣的小角桌，在使用的同时，还可以装饰墙角。展开后，它就成了小方桌，吃饭、工作时都可以使用。墙角处还可设置一个陈设台，摆一些工艺品，这种做法比较适合于门厅、客厅或餐厅。

e）沙发也是储藏箱

沙发不仅可以变成床，也可以"变身"成储藏箱，帮助主人存放平时不用的被单、衣物。只需要提一下手拉带，沙发的内部空间就可以展露无遗。

f）移动电视柜

现代人的客厅中当然少不了音响、电视，收纳功能最为强大的当属电视柜。

看起来小巧简单的移动电视柜却发挥着很大的作用，音响、电视、DVD可以集中收纳在一起，也可以随意移动，俨然就是一个移动的视听中心。一个组合丰富的电视柜，可以"埋伏"多达十种以上的杂物。

g）沙发扶手

虽然在沙发扶手里收纳的物品不会很多，比如通讯录、遥控器、笔等物品，但是无疑使得我们需要使用的时候更方便了。

在沙发扶手旁边放一个小书架，或在沙发扶手上挂一个挂袋，或干脆在沙发墙后挂个小塑料桶，这样的做法已经比较流行，而且确实很实用，可以放置随时取阅的杂志、报纸等。

h）CD架

CD架在客厅中扮演的角色越来越重要，CD架造型虽然很简单，但是完全可以把光盘集中放置在一起，还可以随意调节大小。对于自己珍爱的经典光盘，可要好好保存。

■ 第三节　卫浴收纳

卫浴时间是一天中最放松的时段，可以好好地犒劳自己，平复心情；同时也是舒适、私密、自我更新的代名词。身心洁净与愉悦过程的实现离不开卫浴间的合理功能布局，而尽善尽美的布局又大大取决于主人收纳的智慧。

卫浴空间一般要考虑卫浴功能齐全，如面积允许可考虑浴缸、冲淋、坐便器、洗脸盆、清洗盘、梳妆台等，卫浴空间有条件的还可以干湿分开。要设计出个性化，体现主人的情趣。在装修卫浴空间的墙面时，一定要充分考虑墙面可能的收纳功效。

在卫浴空间中，很多空间都被忽略了，比如坐便器上方空间、洗手池上下空间。这些空间都可以很好地利用起来。在这些地方安装一排浴柜，下方收纳一些平常不用的物品，上方空间摆放洗浴用品，这样一来，空间就显得非常的整洁，使用的时候也更方便。安装了浴柜之后，那些难以装点的墙面或者死角都被遮掩，美观之余又能放上不少东西，真是一举两得的收纳方法。浴室专用的柜体能克服卫浴空间普遍存在的潮湿问题，吊柜是最常见的形式，通常会搭配透明门板让收纳物品及属性一目了然。

很多人发愁瓶瓶罐罐的盥洗用品无处堆放，不妨在浴室墙面上固定一些转角架、三脚架等；也可巧妙利用马桶上方的空间，安装置物架，用来摆放清洁用品；还可在浴室一角固定一个多层毛巾架，由于其间隔可以任意调节，所占空间很少，却能将所有毛巾、浴巾"收藏"得绰绰有余。

无论你的浴室到底有多大，即使是麻雀般的小户型卫浴间，也总会有更多的收纳与存储空间等你去发现，重要的是你必须不断挖掘出可能有利用价值的空间，整洁的卫浴间也是保障使用者健康的关键因素之一。

下面介绍一些浴室收纳窍门,让你的浴室空间迅速增容。你会发现,原来浴室收纳可以这么轻松。

一、高效家具

1. 卫浴间储物柜

可以把一个简单的储物柜嵌入水槽附件的隔断里;或者嵌入置物架,用来存放瓶瓶罐罐。洗脸台是卫浴的标准配备,而其外围也是收纳杂物最好的地方,上方可选择箱型镜,除了有实质的功能外,里头还能收纳瓶瓶罐罐。洗脸台下方的空间也不容忽视,如果家里浴室面积不大,无法再做独立浴柜,更要好好利用。选择洗脸台嵌于柜体的款式收纳效果最佳,除了可将管线隐藏起来,柜体内尚有层板设计。

2. 独立浴柜

若是家里浴室够大,可以做一个独立浴柜,有篮子装脏衣服,有层板放毛巾、卫生纸、生理用品、保养品和肥皂等清洁用品,可以收纳不少东西。卫浴空间需要收纳的很多是属于小件物品,若是随意摆,看起来会很杂乱,最好放进收纳柜或收纳架上,要不统一将零星的小物品先用盒子装,再放入收纳柜里也行。卫浴空间中可以利用的收纳空间有浴柜、洗脸台、马桶附近空间、墙面转角处、墙面与门上等,这些地方可以收放盥洗用品、干净衣物、待洗衣物及卫生用品。

3. 悬吊式书架

壁面是最好做收纳的地方,除了钉挂毛巾杆外,还有一些物品可以使用壁面空间收放,像是直接锁在墙面上的马桶刷或是悬吊式书架。毛巾、手纸、电吹风等等统统请上墙去。几块简单的玻璃板悬于墙壁上,用来摆放化妆品。

4. 专用收纳架

一切小东西都会有序排列在墙面上,整洁又方便。若要使卫浴空间显得专业搭配,那不妨试试专用的收纳架,比如为马桶附近空间设置的收纳架,正好可置于马桶上方,还可利用 S 形挂钩增加更多的收纳空间。如果觉得置于马桶上方有压迫感,可改放于马桶附近壁面。

二、高效空间

1. 充分利用面盆下的空间

面盆下的空间大有作为,完全可以放得下一个较大的储物箱,收纳平日里不常用的东西,既美观又方便,造型还任你摆。选择这样的储物方式时,要注意储物箱的密封效果,并且需要卫浴间有较好的干湿分区。

也可以将洗漱台做成一个开放式的抽屉,收纳毛巾、浴巾、洗漱用品和护肤品,拥有良好的透气性的同时,还可以成为一个展示空间。

2. 充分利用闲置的卫浴空间

不妨充分利用卫浴间里的闲置空间,作为得力的收纳助手,只要整洁,小空间也会显得不那么拥挤。在卫浴间入口处一侧的地方,分别安排洗衣机、一个开放式储物柜和推拉式的储物柜,让各种洗涤用品和浴巾、浴袍等沐浴用品各就各位,让卫浴间呈现出整洁、干净的面貌。

3. 镜面和储物柜相结合延展空间

将一个储物柜分上下两处安装镜面,既可以很好地利用面盆上面的空间,还可以通过镜面的反射给房间带来一些延展性,是非常值得借鉴的方法。带有隔断的储物柜可以将各种洗漱用品和护肤品分类整理,整洁又一目了然。

4. 浴缸

大多数浴缸的"白肚皮"都是露在外面的。动下脑筋,就能巧妙地融收纳与装饰于一体:把浴缸沿外延的部分做成一个台面,下面一个个方方正正的柜子里,可以放上泡澡时要用到的一切东西。也别忽视上方的墙面空间,装个小长架会是你得力的收纳好助手。

5. 洗衣机周围

把两块板用双面胶贴在两侧作为支撑,再在上面搭块木板,架子就做好了。把肥皂等储备品分门别类整理好,也便于了解还剩多少。试着把同类物品放在一起,如把洗发用品、牙具等按种类摆放在一起,每样还剩多少都一目了然。使用资料架和篮子等,使物品保持直立。

6. 门上

难收拾的物品可以使用挂钩。在门的内侧贴上小的黏钩,把在洗脸池周围常用的小东西挂在这里。比如吹风机,挂起来问题就解决了;琐碎的美发用品如束发带绕成圈挂在上面;在挂钩上安上篮子放梳子等。

7. 玻璃门后的风景

嵌入式的玻璃门橱柜设计,内部的收纳一览无疑。玻璃门设计通亮,但也对浴室收纳的要求更高,容不得一丝马虎。把比较厚重的毛巾、大毛巾、浴巾等收纳在橱柜的顶层;其他不是很漂亮的洗浴用品放在橱柜下层,藏在柜门后面。

8. 墙面柜

水盆上方的墙面柜可以用来存放牙膏、漱口水等用品。经常会使用的,如肥皂、洗发沐浴用品、香水、化妆品等就存放在墙面柜下方的置物格里。

9. 藤筐的学问

藤筐倚墙而立,提供了一个精致、便利的收纳空间。所有的物品都是触手可及。藤筐也增加了卫浴空间里的田园韵味。

10. 边角柜

卫浴空间的收纳法则最重要的一条是:不要浪费任何一寸宝贵空间。墙角这种地方是最容易被忽略、被浪费掉的。在边角位置安设一个橱柜。上层开放式的置物格用来展示,下层卷帘门橱柜用来收纳其他用品。

11. 抽拉式置物筐

三层的置物架上整齐放置田园味十足的置物筐。置物筐可以方便抽拉,用来分类存放毛巾及其他洗浴用品。

12. 嵌入式的力量

在装修卫浴空间的墙面时,一定要充分考虑墙面可能的收纳功效。举例来说,可以把一个简单的储物柜嵌入水槽附件的隔断里;或者嵌入置物架,用来存放瓶瓶罐罐。

13. 壁式置物格

要想在有限的卫浴空间里"挤"出更多的收纳空间,嵌入式的墙面置物格可谓是上上之选。墙面置物格不管是功能性还是展示性都是相当不错的!

■ 第四节 厨房收纳

餐厅和厨房对于热爱美食的人来说,其地位也许比客厅或卧室还来得重要。如果没有一个良好的环境让你来烹制美味,没有一个绝佳的场所让你品尝佳肴,生活也会顿时变得索然无味。

不过如此高要求的餐厨空间,不费心思改造一番是不能尽如人意的。美味的发源地及进餐场所当然要干净整洁,且每件东西都要摆放得妥妥当当。

在这个装满杂物的烹饪空间里,不论是食品还是餐具,收纳时都应考虑到实用性及安全性。目前的厨房收纳比较注意隐藏收纳和分门别类,烤箱、消毒柜、微波炉、电冰箱等,都可内嵌在橱柜之间。另外,合理利用转角空间也是一个常用的小窍门。橱柜转角的柜体和吊柜里,其实有很大的空间用来存放东西,将转角空间的柜门设计成弧形,而柜体内则保持通畅一体,这样,再小的厨房也可以拥有充足的纳物空间。

(1) 规划收纳空间时,应考虑物品的使用频率,将较常使用的物品放

置在显眼顺手的地方。

（2）为照顾到收藏方便，可尽量使用重叠、竖立、吊起或抽屉等方式，或在橱架上放置物品。

（3）关于一般常用的炊具，长柄煮锅可挂在柜架的挂钩或放在浅抽屉里，而较重的锅子最好放在腰部以下高度的柜架里。

（4）餐具要放在靠近供餐和进餐区，但是距水槽也不能太远。

（5）玻璃器皿基于安全和方便的考虑，必须收纳在透明的柜架上。盘子最好直立地放在搁架上，再依大小安放妥当。

（6）垃圾袋和包装袋可放在食物准备区和食物收纳区附近。

（7）饮料和酒若不需冷藏，则可统一放在橱柜里较为整齐美观，而酒瓶一定要平放在深处且远离阳光的地方。

一、厨房收纳空间

（一）灶台下面

定制橱柜时，灶台和水槽下的空间往往难以利用，它们占据着橱柜下部的许多空间，但又总是无可奈何地被闲置着。其实，灶台与水槽的台下空间有着很好的收纳储物的功能，在下厨时不必因为找不到调料或合适的器皿而忙乱。

灶台下面是调味品或者食品的上佳收藏场所，最重要的是放在不容易忘记的地方。

U形架子的活用：U形架子上放一个茶盘，里面可以摆放面粉等物品。下面放重的罐头，罐头可放在带轮子的箱子里，存放时注意商标要朝外。

资料架的侧面挂上网状的篮子，放一些小物品。

1. 隔板

隔板是最为简单的收纳设计，但是非常实用。简简单单的一两层隔板便能划分出灶台下面的空间,层数完全取决于个人的需要。因为隔板高度可灵活调节,所以用来储藏蒸锅或不锈钢盆等较大物品非常合适。

一层隔板划分两个空间。在橱柜的灶台下面安装一层隔板,这里是厨房中储藏大件器皿最为合适的空间。上层靠近灶台底部,可以用来收纳盘、碗等器皿,当做好饭菜等待装盘的时候,可从灶台下的隔板上轻松地拿取所需尺寸的餐盘。

2. 拉篮

小巧简单的拉篮做成可抽拉的隔断,不但外观与橱柜统一,而且使用起来也很方便灵活,只要轻轻一拉,盛饭菜所需的器皿便一目了然了。

拉篮还可将所有烹饪时需要的调料瓶收纳其中。在烹饪食品的时候将其拉出,可轻松连贯地完成烹饪操作,当烹饪完毕再将其轻轻一推,台面依然整洁干净。

(二)碗柜

(1) 将大小相近的小碟放在一起,竖着放在筐里,比直接叠起来好一些。

(2) 将常用的盘子整理到金属筐里,拿到餐桌上也很方便。洗碗之后,放在筐里把水控出来,然后将筐和盘子直接放在碗柜中。

(3) 用一根支杆就能充分利用空间。在碗柜的上部,靠最前的地方固定装一根支杆,利用这个空间挂上一些杯子。取里面的物品时把杯子挪到旁边就可以了。

(4) 把盘子放在铺了海绵的资料架里,可以防止盘子破损。

(5) 杯子和小碟按顺时针方向,紧凑地摆放在一起。

(6) 把偶尔才使用的餐具摆在碗柜里是浪费空间。可以考虑放进带盖子的容器里,存放在冰箱上面。注意一定要贴上标签,以便知道里面装的是什么。

（7）成套的物品最好放在一起，茶罐的旁边最好贴上黏钩，挂上茶勺一起存放。常常一起使用的物品，一定要存放在一起，这是收藏的要领。

（三）抽屉

经常会有一些厨房的小工具，在想用的时候，怎么也找不到。把它们装进小塑料盒，放在抽屉里吧。

分隔抽屉里的空间时，应该留点余地，不要将物品的种类分得太细。

将杯子、盘子等放在抽屉里收藏时，下面铺上毛巾，可以防止互相碰撞。

塑料袋要重新叠起来，整齐地摆放。

抽屉里即使只放一个筐，也能更充分地利用空间，使抽屉规整许多。

（四）吊柜

吊柜上层应该放不常用的物品。下面的空间也请好好利用。

利用吊柜的下面挂其他的物品。如计量杯等做饭时偶尔使用的物品，如果有能暂时挂上的钩，就会非常方便。

（五）门的背面

门的背面安置想用的物品，伸手就能拿到，这是最好不过的了，但是使用时也应该注意到安全方面的问题。

汤勺等炊具不方便放在抽屉里，所以在水槽下的门背面挂上毛巾架，就可以直接挂上小道具了。

锅叠起来放的时候，不方便的是锅盖的存放，仔细观察锅盖的形状，选择适合的毛巾架。

备用垃圾袋也可以放在门背面。用图钉固定住网兜，可以放入塑料袋。

（六）水槽下

水槽下是炊具的绝好收藏场所。需要用的东西很快就能拿到，并且一目了然。

把平底锅插到带轮子的箱子里,会避免弄脏柜子,又可以灵活地拿出来。再放上 U 形架子,就可以充分利用空间。连接几个资料架,就变成了平底锅的架子。比起叠着放平底锅,竖着放更方便。

利用挂钩灵活运用较小的空间。水槽下有空隙的墙上安装能夹住棒状物体的挂钩,可以存放各种厨房用具。

水槽下面的门上黏上挂钩,便于挂塑料袋,放烹饪时产生的垃圾。

(七) 冰箱

对于存放食品的地方来说,清洁是第一位的,不可以乱放。一定要注意一目了然和存取方便。

可以把小食品竖放在录像带盒里。录像带盒的开口向上,摆放在冷藏箱里。这样不用乱翻,也可以马上找到冷却剂等比较小的东西。

用装水的饮料瓶,保存某些蔬菜。西芹等蔬菜,最好放在水里保存。在饮料瓶中装少量水,蔬菜缠上保鲜膜后放进瓶中,放在冰箱门的内侧。

二、存放不规则物品的小窍门

(1) 托盘等不方便收藏的物品,可以放在冰箱上,首先在冰箱的角落处放一个资料架,然后把托盘竖着摆进去。

(2) 利用毛巾架和 S 形挂钩悬挂物品。

(3) 抽屉不够用时,用箱子做成抽屉,把多种同类物品放在箱子里,把箱子纵向放到架子上,再贴上挂钩,就完全是一个抽屉了。

(4) 利用罐装啤酒箱,可以做成简易储物箱。

三、厨房要按照顺序整理

每个家庭的厨房都有很多用不着的物品。那么就以整洁的厨房为目标开始整理吧。按照这个顺序去整理,肯定会让你的厨房变得很干净。

先从食品开始。开封的、没开封的食品,都要拿出来检查一下。不能吃的食品就要扔掉。同时把同样种类的物品放在一起,就能知道还剩下多少。

重新整理锅、炒勺、金属盆、汤勺等厨房用具。是不是有很多一样的道具或从来没有使用过的道具呢?对于厨房用具来说,只要有几个最经常使用、最容易使用的就够了。如果有相同的物品,就要按使用时间的长短处理掉,烧焦了的长筷子也要处理掉。只是放着而不用的锅也要从厨房赶出去。

重新整理餐具。从来不使用,但是还占了很大空间的餐具是不是很多?应该考虑一下怎样处理掉这些物品。不想处理掉的时候,也要从碗柜中取出,放在别的地方保管。有缺口或者有裂痕的餐具趁这个机会下定决心处理掉吧。还有,要注意收纳空间和物品的量应该保持平衡。

整理小物品。把抹布、海绵、垃圾袋、保鲜膜、洗涤用品等杂货和小物品全部拿出来整理一下吧。是不是能找到很多买完之后就忘了使用的物品呢?会出现这种情况也是因为没有决定好摆放的位置。牢牢地记住物品的摆放位置后,再买同样的东西时一定要放在一起。旧了的抹布或海绵大扫除时使用。

重新整理一下密封容器。把物品全部拿出来的话,你会发现有很多容器。在不知不觉中多出来的密封容器也要趁这个机会处理掉。褪了色或没有盖子的容器,不经常使用的型号和奇怪形状的都要处理掉。只选几件非常需要的容器后,决定存放的位置。不能起密封作用的容器还可以作为抽屉里的隔板或者装小物品使用。

四、厨房实用设计案例

1. 吊柜变身沥水架

吊柜是厨房中最美观的储物柜。玻璃柜门、灯光装饰,都可以使厨房的整体环境更美观;但柜子的本职是用来放东西的,用吊柜来放些不常用的东西最合适。

传统做法:以往吊柜的设计以装饰为主,主要注重柜门的款式,对内部并没有特别设计,大都是隔板。这类的吊柜可以放一些不常用的东西,如储备的清洁用品等。但一些很重的东西,如米、面等,是绝对不能放在吊柜里的,不仅是考虑到柜子承重问题,在使用时将这些重物举上举下也不利于健康。

升级做法:吊柜可以用来放置碗碟。碗碟的放置一般都需要沥水盘,大都设计在地柜灶台下。但总是弯腰取用,时间长了不利于健康。吊柜下柜的高度一般与人手臂高度差不多,所以把最常使用的碗碟放在吊柜里是很方便的一种做法。只需要将吊柜最下面的底板换成沥水盘就行。不过要注意的是放置碗碟的吊柜一定要设在水槽上方,不然碗碟滴水会影响橱柜其他功能的使用。

2. 岛台上设铁架

岛台是很有生活情趣的一种橱柜设计。它不是必需的,但可以提升你的生活品位。而围绕岛台,许多配件的设计也是很显情趣的。吊架就是其中之一。

传统做法:传统的岛台吊架只是在纯欧式的橱柜设计中才有。特别是那种有精美雕花的铸铁吊架。再不就是不设吊架,而把抽油烟机灶台放在岛台上。这样做不仅不好处理烟道的问题,还白白浪费了空间。

升级做法:岛台上面设计成酒杯架是很不错的一种方式。把岛台做出吧台的感觉,也是很有生活情趣的。再有,现代橱柜也是可以在岛台上设置吊架的。不过这类吊架一般都是不锈钢材质的,锅碗瓢盆、漏斗、陶罐还有蒜瓣葱头,统统可以悬挂在上面。不要担心挂太多东西显得凌乱,它会散发出丰盈充实的生活气息,不信看看那些欧洲的电影。

3. 立柜藏冰箱

如果厨房空间足够且有两面靠墙,立柜是最好的储物空间。设计一个整面墙的橱柜,中间放置嵌入式的微波炉或消毒柜。两边是专门的储藏柜。

传统做法:以前最常见的做法是做一个三组的柜子,中间部分嵌入专门的厨房电器,两边是有隔板的大储物柜。可以用来放置米、面等较重的烹饪材料。但在大柜子里放东西,如果不设隔板很容易显乱,可如果内部设计隔板,有些东西因为体积的问题就会放不下,这样就没法将橱柜的功能发挥到最大。

升级做法:两面的储物柜可以分别利用。一面安装一个实用的大拉篮,分门别类地放些小食品。拉篮的隔板可以活动以便根据储存物品的体积改变储物空间。而另一侧最好是放置一个嵌入式冰箱,冰箱藏在橱柜中可以使厨房的风格更加整齐划一。特别是古典或欧式风格的厨房,如果放置普通的冰箱,很容易显得突兀,破坏整体的风格布局。

4. 隔板能发光

现代橱柜设计更多地体现了生活的品位与情趣,所以许多设计都考虑到了环境的美观。隔板的产生就属于此列。不仅如此,隔板也是很实用的一种储物空间。

传统做法:隔板的设计不仅要考虑到美观,还要根据具体的情况。一般用户家里都会有一些水管、煤气管,如果两根管子中间的空间不够放下一个单元柜,那么设计成隔板是最实用的一种做法。以往的隔板大都选用和橱柜柜门板材一样的材质,计价方式也是按板材的面积计算。

升级做法:隔板灯是近几年在橱柜设计中很时尚的一种材料。以往都用来作为吊柜底板使用,以保证柜子内部的照明。现在这种板材也可以用在隔板上,在旁边安上独立开关,这样一来,晚上到厨房拿取物品就不需要开主光源了,只要把这个隔板的灯打开就足够了。而隔板能够发光也是很时尚的一种设计。

五、实用收纳小物推荐

1. 角落收纳柜

厨房的边角地方经常被忽略,其实完全可以设计连接架、内置拉环或者角落抽屉,让边角加入到收纳队伍中来。不仅充分利用了空间,你还会发现,由于靠近烹饪区,拿取物品会非常顺手。

2. 上掀式吊柜

一头撞到打开的吊柜门上,会觉得气恼。传统吊柜多采用平拉式,打开柜门时既占用空间,又影响正常的料理操作,而上掀式吊柜解决了这个问题,找寻吊柜里的东西也比以前方便多了。

3. 阻尼抽屉嵌入式胶粒

越来越多的人喜欢在厨房里安置音响、电视,让自己的下厨时光也有音效陪伴。那么诸如关闭柜门、抽屉产生的噪音当然是越小越好。阻尼抽屉在装满物品的时候,可以借助滑轨的缓冲自动关闭,平滑舒缓,自然免去了"肚"中物品相互磕碰的声响。

门板与箱体接触的部分,也可以依靠嵌入式胶粒而充分防撞,从表面看与箱体完全融为一体,美观而实用。

4. 液压撑杆、随意停撑杆

液压撑杆和随意停撑杆可以根据门板的重量自行调节撑杆的力度,门板可以随意停在任何角度,而且门板的开启是悄无声息的。要注意的是,撑杆应该使用两个。

5. 抽屉式立柜

大容量的立柜由门式换成抽屉式以后,直接拉出的抽屉可以使物品全部展现在视野之内,一目了然,不必像使用门式立柜那样要经常进行下蹲运动,从光线不足的大柜子里摸索寻找物品了。

6. 抽屉防滑垫、安全锁、抽屉护栏和分隔架

抽屉防滑垫可以避免因为抽屉推拉造成的噪音,既保护抽屉底板,又容易清洗。

抽屉在关闭时会自动上锁,可以避免小孩子接触到容易造成伤害的器具。抽屉护栏和分隔架大大增加了拿取物品的便利。

7. 伸缩龙头

弹性可拉伸的龙头,可以帮助你对各种蔬果进行近距离的洗刷。

8. 电子秤

很多菜谱对菜肉、调味品的用量都是一板一眼,刚刚学习做饭的人不可能随手就能找准用量,这时一个小电子秤就可以让问题迎刃而解。

9. 感应灯

今天的橱柜灯光更加人性化:借鉴了类似冰箱的感应技术,只要一拉开抽屉或柜门,里面的灯光就会亮起来,既方便存取东西,又很省电。

10. 水槽下垃圾桶

双手忙着择菜,又不得不四处寻找垃圾桶。打开水槽下的橱柜柜门,垃圾桶已经自动顺着滑轨滑了出来,随手扔垃圾,就是很方便。

■ 第五节 书房、儿童房收纳

书　房

无论是书房还是工作区域,都会有各种整理不完的杂物。各种文件越积越多,文件筐早已不够用,书桌上也已经放不下;书架虽然放满了书籍,但每一层隔断的上半部分空间总觉得不该闲置而应加以利用;有抽屉的书桌抽屉不够用,把常用的东西放在其他地方,取用又不够方便,而没有抽屉的书桌虽然更便于利用空间,但各种文具的收纳又会出现问题。

书房里的收纳问题不仅要考虑如何收纳同类的物品,还要考虑到取用的方便性和对空间的利用度。对于住房面积不大的家庭来说,也许客厅、卧室甚至家居空间的某个角落都被开辟出来成为"书房",因此怎样好好利用和规划好整齐有序的空间便成了不容忽视的问题。

一、悬挂藤编筐丰富视觉效果

如果家里有个很大的书柜,我们常常习惯在书籍摆满之后,再利用各个隔板之间的空当存放物品。这虽然是利用空间的方法之一,但却给书籍的取阅带来不便。将两个挂钩朝上固定在书架内部的两端,将带把手的藤编筐固定在上面,把需要摆放的物品称心地放在里面。藤和书的组合还能带来不一样的视觉效果。

二、利用衣架悬挂彩虹文件夹

拥有一个专门用于工作的储藏柜可以令办公区域整洁许多,但许多印在纸上的资料和文件,需要有条理地收纳起来并且便于查找。具有彩虹般颜色的文件夹可以为书房带来充满活力的视觉效果,七彩颜色也可以令工作时的心情更加愉悦。将这样的一组文件夹用小夹子固定在衣架上,贴上分类的标签,挂在储藏柜的横杆之上,是利用储藏柜空间的巧妙方法之一。

三、将电源线妥善收纳

书房里,最让人头痛的就是电脑后边纠结在一起的大团电源线,不但会影响卫生和美观,查找线路时也相当麻烦。如果书桌设计可以解决这个问题,相信没有谁会不喜欢。

1. 旋臂式 LCD 架全方位调整角度

多关节旋臂,可以全方位帮助孩子调整电脑荧幕的位置和角度,防止孩子长时间在电脑前坐姿不正造成对形体的伤害。下端圆孔处可以收纳电源线。

2. 走线孔直接收纳桌面上的电源线

利用书桌上自带的走线孔,把电脑后面的多根电源线收集在一起,让工作区变得更加干净整洁。每个圆孔都可以收纳电源线让书房变整洁。

电脑桌后边带有隐藏式电源线路设计,可以帮着解决电话线和上网线的走线,支架上多个圆孔设计,都可以有效收纳电源线路,让电脑桌周边显得更整洁。

3. 电源收纳管收纳桌面到地面的电源线

把电脑后面各类电源线汇集到书桌走线孔处,再用长短适中的管套把它们收纳在一起,电脑桌下电源线的问题便可解决了。

四、充分利用空间间隔

上百册的图书,种类繁多,尺寸不一,要想在工作时随手就能翻找到所需的书籍,最好是充分利用书柜、房间本身空间的上下各部分,以保证自己在工作时能够让一切东西触手可及。比如,可以将书柜的其中一格辟为常用书籍区,把与近段时间工作相关的书集中放置于此,这样在工作时,就不必再从一大堆书籍中查找了。另外,还应考虑到工作的实际需要,是否将电脑桌与书桌分开,或者将所用的文件分门别类,有条不紊地妥善安置以便于随时翻阅。

儿 童 房

孩子的天性活泼好动,尤其是学龄前的小朋友更是家里的淘气鬼,玩过的电动火车、积木、拼图随手一扔,弄得满地都是,常常令家长头疼不已。小孩随着年龄的增长,桌椅板凳又太小了,就需要换新的,这样一来,家长们每隔一段时间,就得为孩子更换合适的桌椅,实在费神。

玩具箱架上板子,摇身一变为孩童专用桌子;收拾玩具时,将玩具全堆进箱子里。若板子用布包起来,室内布置就更可爱了。

为避免孩子在房间里乱扔玩具而造成混乱局面,家长还可以给孩子专门设置一间娱乐室,把学习区间与娱乐活动功能分开,这有利于提高孩子学习时的专注度。如果房子空间有限,家长不妨选择一些体积小、可移动的家具作收纳之用,还可以选用一些塑料整理箱、挂钩等收纳方式,合理放置孩子的书本、CD、背包和衣物等。为适应孩子的成长需要,家长在购买家具时,需选择可以调节高度的家具。

■ 第六节 家居收纳

家居杂物摆放零乱,一不小心就会弄得满地狼藉;家具设计显得琐碎,缺乏整体性;新购置的物品多到不知如何收藏:怎样以最快的速度找到和今天所穿衣服搭配的首饰? 匆匆忙忙地翻着抽屉时被不知哪里冒出的小钉子扎破了手? 哎呀,脚下那一堆电脑线、音响电线真够讨厌的,总是那么杂乱无章……为什么家中总是这么乱呢? 这些小东西们到底该怎么放才会不"碍眼"? 这可能是不少家庭主妇的头疼事儿。其实,只要善用身边的空间和一些收纳工具,就能轻松创造出一个整洁有序的家居环境。

在整理之前,不妨先将需要收纳的杂物分为能随手取用的物品、家中必需品、扔了又可惜的物品、季节变换会用到的物品、纪念品、从没用过的物品等几类,然后再按顺序归类整理。

一、小物品收纳

1. 腰带:用大号登山扣收纳

腰带是年轻女孩子们日常装饰的点睛之笔,所以"潮人"的家中总是积攒了一堆堆各式的腰带。但怎样打理好这些总会缠绕在一起的腰带呢? 很简单,买个一按就开的大号登山扣,把腰带像穿钥匙一样都穿在登山扣上,再挂在衣橱里或者门背后,想用哪根,按开锁扣就能很方

便地取下来。

2. 不常用的盘子：用保鲜膜包好

如果家中有不常用的"祖母"级别的珍贵瓷盘，按照常规的摆放方式的确有打碎的危险。

不妨试试将它们用保鲜膜单独包好，这样收纳好的餐盘不会随意移动，也不会出现小的划痕了，更方便的是防尘效果极佳，不用定期清洗啦！

3. 扰人的电线：用纸芯筒分组

音响、电脑、DVD……这些家用电器的电线是不是很烦人？简直就像错综复杂的老树根，搞不好哪天不巧就被绊倒了。其实用纸芯筒就能轻松搞定。将纸芯筒竖着剪开一条缝，将电线整理后，每件电器的电线作为一组，从剪开的缝里塞进纸芯筒，并在纸芯筒上写上电器的名称，这样就一目了然了。

4. 小钉子：玻璃瓶来装

尖利的钉子要是随手放在抽屉里其实是挺危险的。将它们放在透明的罐子里吧！用完的胡椒粉瓶子、铁皮口香糖罐子就很理想。将罐子放在工具箱内，使用起来好方便呀！

5. 毛巾、浴巾：卷着放

永远不要叠着放毛巾。毛巾和浴巾最好的保存方式是卷起来放置，不但节省空间，还便于拿取哦！那种用来装可乐、啤酒等听装饮料的纸箱最合适了，将毛巾像可乐罐一样一个个放好，大小、颜色、种类就一目了然了。

6. 酒：放在书柜的最上层

能邀上好友在家中小酌一番确是人生一大乐事。不过，怎么才能在家中放好那些好酒呢？如果没有酒柜怎么办呢？你可以尝试将酒放在书柜的最上层，在大块的泡沫塑料上挖出和酒瓶相符的凹槽，将酒瓶平躺着摆放进去。这样就能安放那些好酒了。

7. 针头线脑：火柴盒是它们的"家"

或许现在很少有女孩子还会做女红了，最多手痒时绣绣十字绣而已，但拉链、小扣子、针线之类的"工具"家中还得常备一份不是？只要找个废弃的火柴盒，将它们"安置"在里面，不但有利于保持家中的整洁，还便于携带。

二、壁橱收纳的基本法则

壁橱不仅是把物品塞进去，如果能充分利用壁橱宽敞的收纳空间，整个家庭都可以收拾整齐！

1. 每层需要注意的事项

在决定把什么物品收纳在什么地方的时候，要"根据使用频度和重量"的原则来决定。常用的物品要收纳在易于存取的位置，壁橱中的优先顺序是：上层、下层、小柜橱。比如说卧室里的壁橱，每天都使用的寝具就应该放在上层。而一年也用不了几回的客人用的被褥，收纳在小柜橱里也可以。所以说并不是"被褥就一定要放在上层"。重量也要注意！基本上，重的放在下面，轻的放在上面。让我们按照使用频度和重量来决定把物品收纳在哪里吧。

● 小柜橱适合收纳极少使用的物品和轻的物品。零碎的物品也可以整理到箱子和收纳盒里，既便于存取，又能活用纵深。标上名签，使用透明的盒子的话，就便于知道里面装的是什么了。

a) 准备一个纸箱，把孩子的作品及充满回忆的物品放进去，珍藏起来。

b) 一些季节性装饰品也可以存放在小柜橱里。

c) 用来安置极少用但体积庞大的行李箱，里面还可以装过时的衣物等。

d) 很少重复再看的旧相册。

e) 不潮的柜橱也适合收纳被褥。

● 使用最方便的上层，适合收纳常用物品和易坏物品。每天都要存取的被褥尽可能放在这层。另外，不必收起被褥的家庭，可以合理划分空间，当作衣橱来使用。

a) 平时使用的被褥，尽量放在上层而不是下层。这层不潮湿而且便于存取。

b) 作为大衣橱和衣柜，或者专门挂衣物。一目了然，便于管理。

c) 上层收纳衣服时，旁边放上腰带和围巾、帽子等小饰物会更方便。

● 与放在上层的物品相比，虽然下层使用频度低，但偶尔也会用到，稍重的物品就要放在这层。熨斗、熨衣板以及过季的电器也适合放在这里。使用带小脚轮的收纳道具的话，也便于打扫。

a) 熨斗、熨衣板，为了便于快速单独取出，要放在下层的前面。

b) 放置抽屉式收纳盒等，里面可以放平时穿的衣服，也便于孩子存取。

c) 吸尘器放在壁橱里的话要放在下层。

d) 暖炉和暖风机、除湿器、加湿器等电器，过季时要收纳在下层。

2. 壁橱要按顺序整理

我们经常是一直往壁橱里塞东西，却很少整理，就让我们彻底整理一遍吧，按照顺序，分层操作，一定要让壁橱焕然一新。

挑出要的物品和不要的物品，处理掉没用的东西。按照小柜橱、下层、上层的顺序，先把一层里的物品都拿出来，挑出"要的物品"和"不要的物品"，不确定的就放到"暂存"袋里。

把空壁橱打扫干净，用吸尘器将角落里也吸干净，用拧干的湿抹布擦干净，通风干燥。发现有霉菌时，喷上消毒用酒精，干燥后才能放心。

配合收纳道具准确测量尺寸是收纳计划中不可缺少的一步,量尺寸虽然看起来麻烦,但在考虑物品的存放方法、购买收纳道具时是绝对必要的! 壁橱的门面和内部的尺寸是不同的。

三、选择床下收纳箱掌握五大重点

(1)尺寸:购买收纳箱之前,一定要先量一下床下的空间尺寸,尤其是地面和床板间的高度,更是要仔细丈量,以免收纳箱太高,放不进去。

(2)材质:市售的收纳箱材质种类很多,举凡藤编、塑料、不织布等各种皆有,如果担心地板湿气太重易受潮,建议选择塑料制品最理想。

(3)收纳物:选择收纳箱前,先要想想打算收纳哪些物品。举例来说,如果要收纳衣服的话,因为担心沾灰尘,要选择密封性佳的附盖式收纳盒。若是收纳玩具的话,则可以改用抽屉式收纳箱,让小孩可以直接拉开抽屉,自行拿取及收拾玩具,不用整个箱子拉出来。

(4)拿取便利性:床下收纳盒的尺寸通常会比一般收纳箱大,而且又是放在高度很低的床底,在拿取上会较不方便。因此建议消费者选择附把手的款式,或者底部有轮子的收纳箱,都能增加取用的便利性。

(5)辨识度:床下摆了一整排的箱子,要找东西时,一时还会想不起来到底在哪一箱。为了避免此困扰,建议选择透明色系的箱子;若为布质收纳箱的话,以透明上盖或者附卷标的款式为宜。

四、寻找其他收纳小空间

走廊主要是解决各居室之间的联系和交通问题,只要不影响人的行动或给人压抑感,走廊空间就可以充分利用起来。比如安置吊柜、穿衣镜、梳妆台、挂衣架或放置杂柜、鞋柜等。如果门的一侧是整面墙,还可以把墙壁往里挖,做成衣橱,橱面上再装一个玻璃镜面。这样,走廊也能发挥多种功能。

chapter 5 >>

第五章
家庭理财

财务健康是检验一个家庭未来生活是否绰绰有余、能否抵抗可预见风险的重要指标。家庭财务数据化是我们学习家庭财务规划最重要的第一步。

一、家庭财务数据化

首先,养成记账的习惯。

每一笔开支都要记:建议分账户使用,这是一个比较好的方法。比如拿出 500 元作为汽车使用费,直到这 500 元使用完为止,最后记账的时候,就记这 500 元为汽车使用费,这样不用每天来计算它。

流水账的记法:比如当月花的医药费,就在当月的账户里面,记上支出,等 2～3 个月从单位报销回来,再记入当月收入,这样能保持账务平衡,也最简单。保持每个月的账目清晰就可以。

案例

一个国营企业职工,年龄 30 出头,全年家庭收入有 18 万元,本人年收入 10 万元,妻子年收入 8 万元。两人工作稳定,身体健康,有医疗保险、养老保险、住房公积金等,福利待遇很好。宝宝出生 1 年,现有住房 2 套,均在 100 平方米左右,贷款已经还清,一套出租,每个月收入2 000元,另一套是自住。

目前他的家庭资产的投资有:股票10万余元,基金8万元,存款3万元,公积金5万元,保险若干。目前每个月开支3 000~4 000元,预计宝宝长大后每个月开销增加1 000元。

这个家庭理财目标是:

想接乡下父母同住,想在3~5年之内供市郊别墅一套,或复式200平方米以上的房子,估计房价100万元,10年还清贷款,另需购中级轿车1辆,15万元。

我们来看一下这个家庭的收支情况:先生的收入8 300元,配偶收入6 700元,一共是15 000元,固定支出4 000元,缴纳的社保1 206元,个人所得税1 969元,所以总收入减总支出,这个家庭每个月盈余7 831元。

他们现在的家庭资产状况:现金3万元,股票10万元,基金8万元,住宅2套,一套48万元,一套50万元,总资产状况是119万元;公积金5万元,所以总资产是124万元。

这个家庭在买房、买车之后,会发生什么样的变化:收入不变,社保、个人所得税不变。一个月15 000元生活费用,由于要额外接父母同住,还要同时供一套复式或者别墅,增加支出2 000元,就是6 000元。同时,由于房产在银行形成抵押贷款,所以,每月还款有4 320元。如果还想买一辆15万元的车,要进行分期付款,每个月利息1 500元。那么,总收入15 000元,总支出14 989元,这个家庭每个月的盈余就变成了11元。

做了这样的资产变化之后,他的总资产里,住宅增加了,股票和基金没有变化,现金有负债,同时,多了一辆15万元的车,退休账户不变,这个时候,总资产变成211万元。但是同时,他有了一个87万元的负债。所以,211万减87万,净资产是124万。也就是说,买房买车后他的总资产没有变化,而家庭现金流支出却增加了很多,所以,每个月的总盈余就变

成了 11 元。

很多看上去财务非常健康的家庭,也可能因为一个小的投资决策失误,令整个家庭财务陷入不健康的状态。

所以建议他:第一,增加收入。第二,改变资产结构。因为房产占总资产的比例过高,房地产波动对这个家庭影响会很大。第三,延迟 1 年买车买房,有足够的资产之后再买车买房。

二、家庭财务健康诊断

1. 负债收入比率

负债收入比率＝家庭债务支出÷当月收入

收支是否有盈余?是指总收入减去总支出后,是不是还有余钱。盈余越多,在投资市场上,你的"子弹"就越充分。

你的投资是不是有稳定的保障?是不是能持续增值?是不是能对抗各种风险的波动?比如美国的次贷风波,对美国房地产行业产生巨大影响,持有大量房产的人日子就不好过。

资产负债结构是否合理,是否有隐忧?是否能达成心愿?比如每年能带自己的家人去旅游等。

能否抵抗可预见之未来开支?比如说疾病、子女教育和退休。

能否抵抗可预见的风险?比如说意外事故、利率波动、通胀波动、职业风险波动和经济变化。

负债收入比率一般是按月来计算,测量每个月的财务风险。这个指标不应超过 40%,这是一个警戒线。比如一个家庭当月收入是 5 000 元,当月债务支出是 3 000 元,这个家庭每个月的负债收入比率就是 60%,超过了 40% 的风险比率。如果负债收入比率低于 40%,说明家庭负债在偿付能力之内;如果超过了 40%,说明家庭负债比率过高,超过了承担能力,建议逐渐减少。特别是在国家贷款利率上调时,高负债收入比率会增加债务负担,财务健康的诊断要随时进行。

亚洲国家的人都不喜欢负债,有债务是特别大的压力,是非常痛苦的感觉,而且债务的影响在金融波动中也是非常重要的,所以没有债务是最好的。但是,一定程度上的举债,可以帮助我们在有限的资金状况下扩张资本,获得更丰厚的利润。但是,举债会增加投资风险,所以最适合的负债收入比率应低于 40%。

2. 家庭财务健康诊断——盈余比率

盈余比率=(当月收入-当月支出)÷当月收入

这个指标反映了控制家庭开支和能够增加净资产的能力。比如前面案例中提到的 18 万元年收入的国企职工,买房买车以后,就剩 11 元盈余,比率相当低了,所以他的家庭财务是不健康的,虽然不愁衣食,但是他的可投资资本的数量变得非常小,这就是他的家庭财务不健康的原因,除非持续地工作,否则未来获得财务自由的机会相对较小。

当月收入减去当月支出如果为负数,说明家庭收入入不敷出,属于严重的不健康状态。当月收入一般是不考虑资产增值的,因为目前这样的家庭不多,如果你现在已经形成了非常稳定的资产收益,可以考虑进去。这样一个完整的财务报表,能知道你每个月能拿出多少钱进行投资。

3. 家庭财务健康诊断——投资与净资产的比率

投资与净资产的比率=投资资产÷净资产

这个指标是说明未来什么时候才能不靠自己上班的薪酬所得,就能过上快乐美好的日子。

(1) 投资资产

凡是能带来现金收入的资产,都叫投资资产。当然这个现金收入也可能是负的,因为投资是有风险的。

例1 一名钢琴老师,家庭中的钢琴是用来教学创造收入的,那么这架钢琴就可以算作投资资产。

例2 自住房不属于投资资产,自住房产卖掉获利才能算是投资资产。

例3 借出去的钱,如果能确保有利息收入,才可以算作投资资产。

对于老百姓来说,真正的投资资产是我们自己,大部分收入是靠我们每天上班下班获得的工薪收入,所以要好好保护我们自己,这是非常重要的投资资产。

(2) 净资产

家里所有资产减去所有负债,就是净资产。如果投资与净资产比率超过 50%,基本达到较好的获利形态组合。如果说投资与净资产比率低于 50%,也不一定不好。毕竟工薪收入有限,除去日常开支,真正能够拿出钱投资的也并不算多,所以,在保持基本物质生活水平之下,尽可能多拿一点钱进行投资,是我们努力的方向。

4. 家庭财务健康诊断——现金比率

现金比率=流动资产÷每月支出

现金比率也称为流动比率,即家庭的应急基金。

现金比率是衡量家里活期账户上应该留多少钱的一个指标。流动资产就是马上能变现而不受损失的钱,应该相当于 3~6 个月的生活费,剩下的钱可以放在一些投资和获利的部分。

例1 房产本身不是流动资产,房产挂牌上市交易,也要 3~6 个月左右才能真正卖出去,而且本身还要交各种税费等。

例2 基金不是流动资产,因为它有可能会赎回,包括之前的申购费用。

例3 定期存款不是流动资产,如果提前支取的话,定期存款会按照活期利息来计算,之前增长的利率也会完全降下来。

现金放在家里,有储放的风险,没有增值的效益。所以,家庭的现金留 3～6 个月的生活费用足矣。建议:

(1) 用货币市场基金代替活期账户

把包括现金流动的资金,放在货币市场基金里面。货币市场基金是一种非常简单、低风险、而且没有申购和赎回费用的可供临时现金周转的账户。它的收益优势会比活期高很多,至少是三倍左右;缺点是收益具有波动性。

(2) 合理使用信用卡

适当使用信用卡,利用信贷额度保持现金流转,这是费率最低的。只要在免息还款期之内全额还上,就不会产生任何费用。

使用信用卡需要注意:信用卡提现是从提现当天就开始计算利息,没有任何免息期。所以除非是万不得已的情况,尽可能不要使用信用卡提现。

三、人生不同阶段的现金流

(1) 从我们出生开始是净支出,父母供养我们学习、成长;

(2) 开始参加工作的时候,收入通常不多,那时现金收入基本上等于现金支出,或略有盈余;

(3) 随着年龄逐渐增长,到了大概 30～40 岁进入家庭形成期的时候,人生职业生涯也进入最辉煌的阶段,通常现金收入能够大于现金支出,而且开始学习投资和理财;

(4) 进入家庭成长期,也属于现金收入大于现金支出的时候;

(5) 进入退休期,可以安度晚年,这个时候,现金收入会小于现金支出。

怎样才能通过合理规划,始终让现金收入大于现金支出呢?

总现金流入＞总现金支出:灿烂人生

总现金流入＝总现金支出:平常人生

总现金流入＜总现金支出:悲惨人生

案例

一位 40 岁的女士,最近刚有了一个小宝宝,一家人非常欢喜,她先生比她大 10 岁,50 岁,如果她的孩子 20 岁上大学的话,这位母亲已经 60 岁,父亲是 70 岁了。那个时候他们不仅要考虑到这个孩子的教育费用,同时还要照顾自己的养老。等孩子大学毕业以后,再结婚生子,逐步走向家庭成熟期的时候,可能母亲已经 70 岁,父亲 80 岁了。所以对于这样的晚婚晚育的家庭来讲,家庭的现金流量就显得尤为重要。

四、未来已知财务需要

我们将这个过程分成几个阶段:45 岁、49 岁、52 岁、60 岁。一般人从 37 岁开始,就有储蓄的需要,之后有投资的需要,同时有稳定保障的需要,到 40 岁职业生涯发展高峰的时候,通常有创业的需要。因为到 40 岁左右,职业生涯大部分发生变化:一部分人可以继续升职,走到更高的岗位上去;还有一部分人升职的机会相对较小,或者是稳定留在原来的岗位上,或者选择创业。所以,这个时候,创业和创业资本就显得非常重要。在 45～50 岁的时候,孩子要上大学,如果要留学的话,那每年所需要的费用会更高。或者,孩子留学期间,家长就开始了退休生活,特别是在大城市,晚育家庭比较多,这个现象就尤为突出。同时,我们还有其他的需要,比如旅游等。

1. 一生中面临的风险

在满足这些需要的过程当中,可能还会有一些事发生。比如意外事件,包括事业的波动、市场风险、股市波动、房市波动,甚至包括疾病、天灾人祸等。它们都会是我们一生财务大计的破坏者。风险发生的时候,我们要提前做好准备,以防这些风险影响到家庭,在做投资决策的时候,一定要知道自己的底线。

如果把保命钱、养老钱、给孩子留学的钱都放到股市上搏杀的话,你的心理承受力就会变得很小,稍有一点波动,惊慌之下所做的决定通常会是错误的。所以,把家庭财务安全放在一个最重要的位置,既是增加投资过程中的一种信心,也是根本风险承担力的一个重要组成部分。

2. 人生不同阶段的理财需要

从幼年、少年、青年、中年、盛年,到老年的时候,我们理财的需要是越来越多,而我们的收入随着曲线波动,到了 60 岁左右完全下降,进入退休生活。但当我们到老年的时候,所面对的问题反而是最多的,要花的钱也是最多的。

五、合理的财务投资规划

1. **身体健康问题**

健康是一个重要的问题,很多生活在我们周边的人,往往都是因为健康问题而出现重大家庭财务损失。因病致穷使家庭遭受重创的现象非常多。

2. **意外事件**

目前意外事件频发,特别是交通意外事故,几乎每天都有人因此而丧失生命。

3. **缺乏全面的家庭财务安全规划**

在某一年的牛市当中,就有 70％的股民因为错误的投资行为,造成了家庭财务损失。投资失败是经常发生的。

六、职业生涯的风险

没有一个行业是永恒的,也没有一个职位是永远的,所以职业生涯风险的波动也会影响人的一生。对于大部分家庭收入来源于工薪的人来说,防范职业生涯的风险显得格外重要。

1. 行业风险

行业风险影响是最大的。每个行业的周期大概在十年左右。中国有句古话,叫做"男怕入错行,女怕嫁错郎"。所以,大家在选择合适的行业的时候,要先看这个行业继续增长的潜力有多少,未来有没有波动的风险,自己是否能跟着行业一起成长。

2. 年龄风险

年龄风险也是非常重要的。人力资源当中,有一个"40岁效应",这种效应在英美企业特别凸显,通常我们一路非常努力,在40岁的时候,打拼到一个比较高的管理职位,但是在这种职位之下,人员成本也会变得很高,这是因为在此职位没有办法到第一线给企业创造相应的收入。所以,一旦出现经济波动,第一个被"干掉"的肯定就是40岁的高层管理人员。

这种年龄风险对女性来讲也非常重要。因为生理特点,女性在40岁左右体能开始下降,这个时候又很难再继续学习更多新鲜的东西,或者承担更大的压力。所以建议40岁左右的女性,尽可能保持一个相对稳定的行业,从事一份稳定的工作。当我们决定是不是要跳槽的时候,年龄风险可能是一个主要思考的问题。

到老年的时候,我们的身体状况会变得比较虚弱,同时,所需要的花费非常高。所以,提前准备老年生活,也是非常重要的。

3. 成长的风险

一个人获得高职位或比别人有更高的收入虽然包含机遇的因素,但是,也许这个人能做到别人做不到的事情,所以他才可能获得这个职位,获得这份收入。如果真的想在职业生涯中很好地发展，就要努力去做别人都没有做到的事情，或者是看上去很困难很麻烦的事情，你埋头做到了，你的竞争力就会比别人更高。

4. 人事风险

这种风险是不可避免的。包括"站对了队"还是"站错了队"的问题。我们尽可能保持为人的中性，尽可能跟周围人建立和谐的关系，这也是解决职业生涯风险的一种方法。

5. 经济风险

经济波动对每个人来讲都是非常重要的。

七、生命中最重要的财产

1. 如何计算生命的价值

美国著名的保险学教授 S. S. Huebner 提出的"人的生命价值理论"是人身保险的经济学基础。他告诉我们，生命价值计算的方法是：确定工作的年限，计算每年的收入减去债务和支出。比如，一个人从 30 岁工作到 55 岁，按现在的收入，减去现在的债务、给孩子的教育费用、未来照顾父母的费用，有人还有照顾兄弟姐妹的费用，全都算下来这笔钱就是你的生命价值。

案例

北京一家著名外资企业的高层管理人员，每天上班要乘坐地铁。他每天早上坐上地铁的时候，因为比较早，车厢里的人通常比较少，每天早上他都静静体会一次，在空旷的车厢里面感受驶向人生尽头的那种感觉。假设说，这就是生命的最后一刻，他已经驶向了生命尽头，等车到站，睁开眼睛的时候，他发现今天又是充满快乐的一天，因此他非常感恩，能继续地活着。

2. 善用保险杠杆

人寿保险是保证你生命价值的一种重要方法。与其害怕风险而把资金、资产留在家里不去使用，不如使用保险杠杆，这是家庭财务安排中一个非常重要的部分。

重大疾病保险是目前我们国家比较普遍的一种保险计划。重大疾病保险，是指先跟保险公司约定一个疾病种类，当发生约定种类疾病的时候，就可以拿到很多现金。这种方式在西方保险学理论中，叫做"有条件使用期权"，它是一个现金资产，与房产、基金、股票都不一样，如果不发生约定种类的疾病，就当作存钱，可以留给孩子。

案例

一位 30 岁的男性，家里放着 30 万元现金，因为害怕发生重大疾病而不敢偿还贷款。如果说，30 万元的贷款，按 8％利率算的话，每年就是 24 000 元的利息。

解决方案是：把 30 万元现金当中的 20 万元拿来提前偿还贷款，剩下 10 万元，去防范其他的风险，比如意外伤害、投资风险。如果这位男性购买一份 30 万元保额的重大疾病保险的话，他每年需要支付大概 1 万多元的费用，平均每个月 1 000 多元。等于他每年从这剩下 10 万元转存出去 1 万多元给保险公司，还剩下 8 万多元在自己手上，可以流动周转。

【解析】 这个方案可以帮他从原来每年要支付 24 000 元利息支出，减少其中的 16 000 元，同时转到保险公司的资产仍然是他的，如果要中间退出来的话，只能按照现金价值来计算。如果持续履行这个合约，通常是 30～40 年，那么保险公司会继续保有他资产所值。如果他完全没有用到这个期权的话，保险公司会在约定的时候，把所有储蓄的钱还给他。所以，资产本身并没有发生变化，只是用了这种期权的方法，获得了一个 30

万元现金使用权的增长,令本来有限的资产通过放大而得到了增长。当然它是一种有条件使用期权。这就是保险的原理。

3. 如何构建保险计划

选择保险的方法:

(1) 要选择比较知名、经营时间比较长的保险企业。因为保险是长期资金规划的一个组成部分。尽量不去选择新的公司,它的风险波动比较大。

(2) 要选择一个了解你家庭,甚至会跟你相伴一生的保险代理人。选择合理的保险代理人,他非常了解你的家庭,不以推广产品为目的,而是以你的需求为导向,这样才能帮助你解决问题。

(3) 选择适合自己的保险计划。千万不要以保险能增值多少为目标,因为保险永远不是增值的手段。保险是保障风险的手段,是扩张你的资产、形成资本投资对冲的手段,所以千万不要受到保险高回报率的诱惑,保险要以实用为原则。

目前在中国的老百姓对保险的认识还是有限:不相信保险,不知道保险到底能有什么功效;不以实际需要为主要出发点,会受到保险推销人员的影响。例如,市场上有一种每年会分钱的计划,实际上不太适合经济条件不好的家庭,因为它每年给的钱,解决不了现金流的缺失问题,到了养老的时候,又不足以满足养老生活。这种计划适合资产量比较多的家庭。一份保险计划本身没有好坏之分,而是要选择适合自己的保险。

八、长期资金规划

在人生当中,有些钱是很重要的,而且是需要长期来准备的,不能一蹴而就。包括儿童教育金和养老金,这是最凸显的两项。

假设你从 22 岁开始,每个月投资 200 元,年复利为 10%,到 60 岁时,

你的账户上已经有 1 006 874 元,就能成为百万富翁。所以,获得财富的两个重要条件就是稳定的复利和坚持。选择投资千万不要被高回报所吸引,这往往是有风险的。在投资理财当中,最容易犯的错误,就是追求高利润回报。

案例

有两个年轻人,一个叫做聪聪。聪聪特别省钱,她从 22 岁开始工作的时候,就想要为自己以后养老攒点钱,所以她在自己微薄的收入里面,每年拿出 2 000 元来进行投资,一共投资了 6 年。聪聪 27 岁结婚的时候,她就把这个存折放在娘家,不再动用这个账户。

聪聪有个同龄的好朋友叫笨笨。笨笨认为,刚开始工作的时候,挣的钱不多,等自己的钱变多一点的时候再储蓄,笨笨也正好是 27 岁的时候结婚。笨笨结婚以后,就跟先生商量好,从 28 岁开始,每年给自己存 2 000 元,一直持续积累到 62 岁。假设年利率是 10%,笨笨一共存了 35 年,她的本金一共是 7 万元。而聪聪只存了 6 年,本金只有 12 000 元,结果是,到 62 岁的时候,聪聪的账户总回报是 959 793 元。而笨笨的总回报是 966 926 元,确实是笨笨的账户上稍微多一点,但数目有限,只相差 7 000 多元。

原来笨笨用了后面 35 年的时间,都在追聪聪提早存 6 年的那个损失。原来在你的投资获利当中,有一个最重要的好朋友,叫做时间,而时间对于每一位来讲,都是均等的。

1. 儿童教育金

1) 儿童教育金的特点

(1) 明确的时间。从孩子出生开始,到他读高中、读大学的时间就已经确定了。所以,一定要保证在这个时间段内有足够的钱供孩子读书。

(2)明确的现金需要。教育费用是一个现金需要,所有资产转化成现金都可能发生损失,或者需要一段时间,特别是房产。所以教育金不能完全通过这种方法来解决。

(3)要稳健增值。教育费用有逐年上升的趋势,有些投资适合,而有些投资就不适合,最重要的是当使用儿童教育金的时候,这笔钱在哪儿。

我们生活在持久波动当中,唯一能掌控的是自己的需要和在这种需要当中各种资金的合理分配,只要目标明确,所有的波动都会被克服的。

2)儿童教育金的规划步骤

(1)计算教育费用需求;

(2)计算投资时间;

(3)找出缺口;

(4)制订投资方案;

3)儿童教育金计划

(1)基本教育。就是满足孩子日常的最基本教育水平,比如公立小学、公立中学、公立的大学,没有额外的费用。在我国的大中城市,要完成基本教育大概需要 18 万元。(幼儿教育金 2 万＋小学教育金 4 万＋中学教育金 5 万＋完备的大学教育金 7 万)

保证孩子的基本教育比赚钱更重要,不能把孩子的基本教育金放在风险当中。建议选用:第一,银行提供的儿童教育金账户。这种账户,可以减免利息税,但是提取有一定的条件,而且额度是有限制的;同时,不能确保利率,只能确定五年,跟着银行的利率波动而波动。第二,选择确定时间支付儿童教育金。因为保险有明确的长期资金准备。也就是跟保险公司约定了一个长期利率,保险公司每年会付给你一笔确定的教育金,而

且大部分儿童教育金保险,都有投保人豁免权利。如果投保人丧失工作能力,保险公司会减免保费,到孩子该接受教育的时候,会继续支付儿童教育金,也就是对儿童教育做了一个重要的保证。

这样就是一个比较完备的基础教育金计划了。

(2) 附加教育。基金定投或者投资联结保险。基金定投就是等时、等额投资某一支比较稳健型的基金。基金定投和投资联结保险存在的一定风险,但也有收获的机会。如果出现风险,孩子还可以接受最基本的教育;如果未来中国经济持续上涨的话,基金定投会带来丰厚的回报,孩子能获得更好的附加教育费用。而且这两项费用,同时形成了一个风险的对冲和收益的互补,这个计划可以作为补充。

定投稳健型的股票。投资稳健型的股票,不能做短线,一定是长期的。因为这个钱你要十年以后才会用。包括定投股票型基金的方式也是一样。

这样的儿童教育金计划,才能够保证我们"进可攻,退可守"。

案例

有一位 35 岁的女士,她的丈夫 41 岁,孩子 3 岁。到孩子 15 岁上高中的时候,她 47 岁,她的丈夫 53 岁。到孩子 21 岁大学毕业,这位女士已经 53 岁面临退休了,她的先生 59 岁也接近退休。

从孩子 15 岁开始,这个家庭现金流的需要会持续增加,一直到孩子大学毕业之后不能停止,因为到时这老两口该准备退休了。而他的孩子在 21 岁之后能不能顺利就业,还是成为"啃老族",有可能都会成为他们未来的财富隐患。

所以,对这个家庭来讲,从孩子 15 岁到 21 岁,以及之后的 25～30 年当中,都是持续的现金支出大于现金收入。他们有 12 年的时间,要集中准备孩子的教育金和自己的养老金。

建议这个家庭的投资比率是：储蓄 10%，教育保险基金 80%。用作高比率投资的定投股票、基金的部分，变成 20%，用来完成大学教育和孩子高中教育的部分。

2. 养老金账户准备

例如，一个人现在是 35 岁，55 岁退休，能活到 85 岁，现在一个月花3 000 元，55 岁退休以后，生活开支每个月 2 000 元，一年就是 24 000 元，55 岁到 85 岁 30 年是 72 万元，也就是要在 55 岁的时候，账户上必须有 72 万元。如果从现在开始到 55 岁准备这 72 万元，一共是 20 年，每年是 3.6 万元，每月是 3 000 元，这就意味着从 35 岁生日开始的那个月，就必须要给自己做一个养老账户，每个月必须留下额外的 3 000 元存到这个账户上，以保证未来的生活。无论发生什么情况都不能动用，才能够在 55 岁的时候账户上有 72 万元。

如果是到 45 岁的时候再准备，每年要准备 7.2 万元，每个月准备6 000 元放在这个账户上。还有一种方法就是降低生活水平，当然节流不是好方法，最好的方法还是要开源。

1) 如何筹划养老金

● 养老金的特点

(1) 明确的现金需要；

(2) 明确的时间需要；

(3) 明确的投资回报率的需要。

● 退休规划的步骤

(1) 确定退休目标；

(2) 估算退休后的支出；

(3) 估算退休后的收入；

(4) 计算两者的缺口；

(5) 根据缺口制订一次性投资或定期供款计划；

(6) 实施计划和定期检查。

2) 准备养老金的方法

把费用分成几个部分：

(1) 基本生活费用。就是柴米油盐、基本房屋开支、水电、交通等基础的费用。假如基本费用占了你目前开支的 60％，那么你未来每个月生活开支当中的 60％，就必须是最基本的生活费用，千万不要用这笔钱追求高回报，用作养老保险。一定要选择当你决定养老的时候，每年或每个月都会付钱的保险。保险有其他金融机构所不能替代的投资特点，就是长期性。只有保险才能解决这种长期问题。

(2) 家里的娱乐开支。每个月要买的衣服、化妆品、营养费用、娱乐等基本生活品质的费用。假如它占 20％，要用比较稳健型的国债，包括投资联结计划和基金的定投。投资联结计划有一定的保证性，它大部分投资在国债和银行的协议存款。

(3) 还有一些费用是可有可无的。比如定期旅游、实现个人梦想等的费用，可以使用基金定投或股票定投。

定投比较适合长期资金的规划。因为它能够分享到不同时段的利润，同时也承担不同时段的风险。这样平摊下来，只要经济是持续上涨的，那么所有的问题都可以跟着上涨而解决，也能保证风险。

(4) 如果说还有更大的梦想，比如到悉尼买游艇等。可以选择投资型房产、中等风险的商业投资的方法，一般不建议使用期货，因为风险太高。

所有这些方法，最重要的是怎样去配比。

九、家庭理财表的设计

随着人们教育、医疗等支出压力的增大,以及股票、房产价格的暴涨,人们日益认识到光靠工资收入很难过上高品质的生活。理财成为人们分享经济增长,提高家庭收入的重要手段,基金、股票就像潮水般涌进人们的生活。不过,俗语说"开源节流",怎样把花销控制在最合理的水平,其实也是理财学堂中很重要的一部分。坚持家庭记账能让我们掌握自己的支出情况,帮助我们控制支出、精明消费,提高我们的收支结余,为我们投资理财提供足够的资金。

很多人都知道要理财,但是却不知从何而起。理财其实不难,从了解收支状况、设定财务目标、拟定策略、编列预算、执行预算到分析成果这六大步骤,可轻松的进行个人财务管理。至于要如何预估收入、掌握支出,进而检讨改进有赖于平日的财务记录,简单的说记账是理财的第一步。

一提到财务报表,很多人都会觉得头痛,其实只要肯花时间,从每天的记账开始,把自己的财务状况数字化、表格化,不仅可轻松得知财务状况,更可替未来做好规划。

记账贵在清楚记录钱的来去。每个人生活资源有限,每一方面的需要都要适当满足,从平日养成的记账习惯,可清楚得知每一项目花费的多寡,及需要是否得到适当满足。

通常在谈到财务问题时有两种角度,一种是钱从哪里来,是开源的观念;另一种是钱到哪里去,是节流的观念,每日记账必须清楚记录金钱的来源和去处,也就是会计学所称的"复式会计"。

一般人最常采用的记账方式是流水账,按照时间、花费、项目逐一登记,例如九月十八日刷卡买了一件八百元的外套。若要采用较科学的方式,除了需忠实记录每一笔消费外,更要记录采取何种付款方式,如刷卡、付现或是借贷。资本性支出只是转换资产形式。

网上有很多个人事务处理系统的网络账本可供选择。一般,资金的去处分成两部分,一是经常性方面包含日常生活的花费,记为费用项目;另一种是资本性,记为资产项目,资产提供未来长期性服务。例如,花钱买一台冰箱,现金与冰箱同属资产项目,一减一增,如果冰箱寿命五年,它将提供中长期服务;若购买房地产,同样带来生活上的舒适与长期服务。

经常性花费的资金来源,应以短期可运用资金支付,如吃东西、购买衣物的花费应以手边现有资金支付;若用来购买房屋、汽车的首付款,则运用长期资金,而非向亲友借贷或是短期可运用资金来支付。

消费性支出是用金钱换得的东西,很快会被消耗,而资本性的支出只是资产形式的转换,如投资股票,虽然存款减少但股票资产增加。

那么,在家庭中应该如何记账呢?

集中凭证单据是记账的第一个步骤。我们应该养成保存各种单据的习惯,将购货小票、发票、银行扣缴单据、借贷收据、刷卡签单,及存、提款单据等,放在固定地方保存。每次记账时,把各种票据拿出来,时间、金额、品名等项目都一清二楚。此外,这种习惯听起来麻烦,其实比起票据乱丢,收集票据养成习惯后反而会让生活和消费井井有条。

家庭记账中的第二个步骤,也是个人记账中最大的门道,是将每月收支进行细化分类。一些刚成家或刚开始记账的人不知道记哪些内容,有的则没有归类,纯粹是"流水账"一本。记这样的账,用途不大。要使家中的收支一目了然,易于分析,还得要分门别类地记账。

一般来讲,家庭记账中,应把收入分为:工资(包括全家的基本工资、各种补贴等),一般指具有固定性的收入;奖金,此项收入一般在家庭中变动性较大;利息及投资收益(家庭到期的存款所得利息,股息,基金分红,股票买卖收益等);其他,这项属于数目不大、偶然性的收入,如稿费、竞赛奖励等。

支出不妨也设四个明细项目:生活费(包括家庭的柴米油盐及房租、

物业费、水电费、电话费等日常费用）；衣着（家庭购买服装或购买布料及加工的费用）；储蓄（收支结余中用于增加存款，购买基金、股票的部分）；其他（反映家庭生活中不很必要、不经常性的消费等等）。各个家庭也可根据自己的"家情"对项目作相应调整，如增设"医疗费"、赡养父母、"智力投资"等。

家庭记账的最后一个步骤，是对每月收支情况进行分析，制订下一个月的支出预算。支出预算基本可以分成可控制预算和不可控制预算，像房租、公用事业费、房贷利息等都是不可控制预算；每月的家用、交际、交通等费用则是可控的，对这些可控支出好好筹划，是控制支出的关键。通过预算还可以预知闲置款规模，在进行投资，如购买股票、基金、国债时容易决定购买总额，并保证所投资的资金不会因为需要支付生活支出而抽取出来，损害收益率。

以上介绍了家庭记账的基本方法。然而对于家庭记账，很多人都觉得麻烦，特别难以坚持。家庭事务大部分都是一些零零碎碎的小事情，特别是家庭开支方面，特烦，一天忙累不已，做完工作或家务已经不错了，哪有时间或心情来记这些账啊！所以，要想坚持记账，又有效果的话，必须减少记账的工作量，降低记账的枯燥性，当然最重要的是记出效果来。采用家庭理财软件来记账是一种比较好的方法。

家庭理财软件记账可实时进行统计分析，如收支分类统计、比较图、账户余额走势图、每月收支对比、收支差额、预算与实际对比等。有这样的图表，就不会枯燥。如果是用纸笔来记，你还要费时间在每个月底做统计与分析。如今这些事后的工作交给软件自动完成，又省了不少事。

再就是利用软件中的理财目标，如财务报警计划、收支预算等功能，能让我们对支出超预算的情况保持警觉，让我们的消费更精明，更顺利地

实现我们的理财计划。

家庭理财将日益成为普通老百姓生活中不可或缺的一部分。然而，理财不是投机，理财也不仅是投资，理财比投资更广。理财是一项长久的事项，贯通人的一生。所以理财必须要有耐心，不能浮躁。以为只要理财很快就会出效果，这是不对的，必须慢慢来，正如记账一样，先养成习惯，积累知识，追求长远利益。

1. 家庭 Excel 记账账本模板的设计思路

流水账，记录简单的进出金额，可以用 Excel 做一张简单的表格。但流水账的方式问题很大。主要是：

（1）现在都流行用信用卡了，用信用卡消费的时候，并没有使用现金。现金是要在还款期时，统一扣除的。可能在我们对账的时候，信用卡还没扣款，造成现金虚多。

（2）用于公司公务的开支很多，占用了一大笔现金，但实际上这些钱随后公司可以报销下来的。这种预缴性质的账务，在做流水账的时候淹没掉了。在报销前，根本想不到公司欠了个人多少钱。

（3）现在一家人有很多卡，如借记卡、信用卡，在网上有好几个虚拟账户，比如支付宝之类的，并不只有现金一种资产。对账的时候，要把所有的账户余额加总起来，如果与账务不符，根本不知道是哪个账户出现了问题。

（4）有时候在淘宝网上买卖些产品，进货、出货一般都不会即时支付，就会产生很多应收应付。

显然流水账的记账方法对付不过来，所以需要考虑复式记账法。所谓的复式记账法，就是在发生一笔收支的时候，在资金变动的账户中记一笔，同时在这笔收支应该归类到的类别账户中也记一笔。这样查资金账户可以了解到资金余额；而查类别账户，可以对类别下所发生的账务情况一目了然。

复式记账的确比流水账在财务管理上要好很多，那么具体如何实现呢？设计思路是把账务分成三大块：第一块，是实际的资产类别账户，记录的是真正的"真金白银"，这一般对应的是各种银行卡、储蓄账户、证券账户、虚拟货币。第二块，是收支归类的类别账户。财务管理就是对收支类别的管理，这样对收支就有分门别类的控制。通常来说，家庭的收支类别可以分类如下：①收入类：薪水、奖金、利息收入、礼金收入。②支出类：有基本的"衣食住行"，如食品、服装、居住支出、交通费；有车族还会有汽油费、修理费。此外还有购物、教育费、旅游、孝敬长辈等费用。每个人都可以根据自己的生活方式，设置自己的收支类别。每个类别的大项下面又可以分为几个小项，例如"居住支出"中可以有"水费""电费""上网费"等，这里不做具体示意了。第三块，是更大的项目归类。例如：日常可以归一类，装修可以另外分出一类，开销比较大的旅游或者大型的 Party 开销，也可以归为一类。或者按人员做项目归类也是可以的。

2. 整体设计结构

在记账的时候，也就是需要记录一条收支的时候，按照复式记账法的原则，每一条记录要选择所属的收支分类，同时选择实际收付的资金账户名称。记录的形式如下所示：

2012.1.1；外出吃饭；−250.00；招商银行信用卡；

2012.1.2；购物；−100.00；现金。

平时记账的时候生成这样的一条条数据记录，方便在后面按照收支分类，或者按照资金账户做筛选和计算。

Excel 中的 Sheet 用来做项目类别，分为：对账表、日常收支记录、可报销开支、自定义的专项、业务账、账户间转账。其中"对账表"是为了方便对账；"日常收支记录"不用多解释了；"可报销开支"是记录可以报销的医药费、差旅费等;"自定义的专项"可以不用,也可以根据自己需要来定义,例如"装修""生育""理财"等;"账户间转账"是记录内部资金账户间的转账。

说一下在使用各个 Sheet 的时候需特别注意的地方:

"业务账"是记录买卖货物的进出的。它记录了货物金额和数量两个属性。数量属性有助于核对实际库存;金额属性有助于记录资金的变化。在"业务账"记录中,有一个特别要注意的地方,就是对应收应付的处理。要知道发生买卖关系的时候,大部分情况不是一手交钱一手交货的,如此会产生应收应付。应收应付管理不好,就会遗忘。特别是发生次数多,金额又比较小的时候。在设计账本的时候,我们是这么处理的:如果收到或者支付的是现金,那么在"资金种类"中就标注现金;如果是用转账方式的,那么就标注××银行借记卡;如果款项要过段时间结算,那么在添加收支记录的时候在"资金种类"中就标注"债权"或者"债务"。从这个意义上说,"债权"或者"债务"同现金、借记卡、虚拟账户等一样,也是资金账户的一种。等到结算发生的时候,再在账本中做两条金额一样、一正一负的记录:一条代表现金或者借记卡的资金变化;一条代表对应债权或者债务的金额变化。

"账户间转账"的使用,就如上面介绍"债权""债务"的处理一样。记录的是两条金额一样、一正一负的记录。这用于记录自己资金账户间的转账,如现金存进了借记卡中,或者从借记卡里面提出了现金。这张表里面的记录,并不影响总资产的变化,因为这里的记录都是一正一负相互抵消的。这张表的意义是记录各个资金账户的金额变化,这样可以忠实地反映该资金账户下的资金变化。

设置"对账"栏的意义是:在对账的时候,可以根据资金账户名字,筛选出该账户下的收支记录。例如筛选出"工商银行借记卡"的收支记录,然后去和实际银行的对账单比对,如果比对无误的记录,就在"对账"字段中,做个标记。这样可以提示自己,哪些收支记录还没有和银行记录核对过。

"对账表"的作用。记账只是账务管理的第一步,第二步就是要账实一致。账目数字如果和实际数字不一致,那么再好看的账目数字也是虚的。在做对账的时候,如果某一个资金账户例如现金,只在一个 Sheet 中出现,那么"对账表"的作用就不大,因为现金的账面余额,只需要通过在这张表下做筛选计算就可以了。但实际操作中,"现金"这个资金账户可能和各个表都有关系,这时候"对账表"可以帮助汇总"现金"账户下面的金额,加总后供实际现金额核对。

在设计的对账表中,需要用上一套公式。这套公式的作用是替代人工,到每个 Sheet 筛选各资金账户的小计总额。这个公式的灵活性很强。在"对账表""自动公式"对应的表格中,横坐标填写的是资金账户的名称,纵坐标填写的是 Sheet 的名称。这套公式会在指定 Sheet 表中筛选汇总指定资金账户的总额。

美国理财专家柯特·康宁汉说过:"不能养成良好的理财习惯,即使拥有博士学位,也难以摆脱贫穷。"记账就是一种看似琐碎,却对理财有大益的好习惯,它能帮你每个月省下不少的开销,让你把钱投入到为未来幸福生活而理财的计划当中。

虽然养成好的记账习惯可能是个痛苦的过程,但这习惯却可以让你过上好日子。因为记账可以让你发现自己是不是花掉了不该花的钱;还可以让你知道每个月手头的钱流向了哪里,使它们不至于流失于无形。

记账让你心中有数!

十、"节能主妇"的 30 个生活细节

日前,针对我国能源紧张的现状,国务院发出了开展全民节能行动的号召。而向来以"勤俭持家"著称的中国家庭主妇,理所当然地肩负起了

家庭节能的重任。

如今,光靠"勤"与"俭"已不能应对能源高速消耗的挑战,所以,除了从生活的点点滴滴入手之外,还需要一些智慧和创意,才能成为一名真正的"节能主妇"。

1. 买就买"节能产品"

"中国节能产品认证标志"整体图案为蓝色,象征着人类通过节能活动还天空和海洋以蓝色。作为"节能主妇",当然要选购有认证标志的产品,以节约能源。此外,应按房间的大小选用适当功率的空调机,按家庭人口和生活习惯选择适当容量的冰箱。

2. 让旧物华丽变身

将旧物充满创意地翻新,不仅能延长它们的使用寿命,显示女性的心灵手巧,还可以节省开支,如此一举数得的事,何乐而不为呢? 比如,将旧牛仔裤两条裤腿裁掉,缝合后用剩下的布料做两根带子缝在腰间,一个漂亮别致的背包就大功告成了。只要有心,肯动脑筋,家里一定有很多"下岗"的东西可以成功地"再就业"。

3. 多使用自然能量

首推当然是太阳能。住在顶层的家庭如果条件允许,可以安装太阳能热水器,既节能又环保。许多人认为家里安装太阳能热水器会显得小气、落魄,但这绝不是钱的问题,而是环保的生活方式问题。

4. 营造"生态家居"

室内的家具、地板、橱柜、书架,包括厨房的料理台等,都应选用甲醛含量符合环保标准的绿色建材。同时,多利用户外的走廊、露台和小花园作为生活空间,既节约能源,又亲近自然。

5. 尽量购买本地产品

生活消费品从全国各地的农场、牧区、工业园区运送到大城市的超级市场直至消费者手中,经历了很长的一段路程。如果列一张生态账单,算算那些外地产品从遥远的地方运过来,需要消耗多少能源、排出多少废气,你一定会自觉地开始购买本地产品。

6. 争取一水多用

要一水多用,家里可以准备几只小水桶,收集洗衣、洗澡的水用来冲厕所,或用淘米、洗菜的水浇花,用洗手、洗脸的水拖地板……小小的举动,却是对节水大大的贡献。

7. 多淋浴少泡澡

不妨少泡几回澡,其实淋浴也不错,干净又省水。淋浴时避免长时间冲淋,最好只用 3 分钟时间,有利于节水节电。据统计,洗 2 分钟淋浴所用的水量,相当于一个非洲人一天的全部用水量。此外,洗澡往身上涂抹沐浴露时,要记得把水龙头关紧。

8. 采用节能方式洗衣服

在卫生间、厨房安装节水龙头。一般来说,节水龙头的流量为 0.046 升/秒,即每分钟出水 2.76 千克;而普通龙头的流量大于 0.20 升/秒,即每分钟出水量在 12 千克以上。这样你不仅节能了,而且你家的水费也将大大减少。此外,洗衣服时尽量累积到洗衣机的容量,洗涤前将脏衣服适当浸泡约 20 分钟,按衣服的种类、质地和重量设定洗衣机水位,既省电又节水。

9. 减少生活垃圾的产生

合理的垃圾分类,会让垃圾回收变得轻松;同时尽量减少生活垃圾的产生,垃圾的回收和处理也是非常消耗能源的。

10. 哪怕只少买一件衣服

关于女性购物狂造成大量物质浪费的例子,大家已经听过不少。然而当一件又一件"当季新款"跃入女人的眼帘时,不少女人都无法意志坚定。那么,就给自己定一个最低限度——只少买一件衣服。事实上,为了追赶潮流不断买衣服不仅浪费,而且品位值得怀疑。

11. 借用或租用策略

有需要或者喜欢,并不意味着一定要占有。有些东西,比如婴儿的手推车、儿童床等,既然一辈子只用那么一段不长的时间,为什么不采取借用或租用的节约策略呢?

12. 减少家电待机能耗

一般家用电器设备停机时,其遥控开关、持续数字显示、唤醒等功能仍保持通电状态,形成待机能耗。还是用数据来说话吧:一台电器在待机状态下耗电为其开机功率的10%左右,也就是说,一个普通家庭拥有的电视机、空调机、音响、电脑、微波炉、电热水器、饮水机等的待机能耗加在一起,相当于整天开着一盏30至50瓦的灯。

13. 煮饭的秘密

用电饭煲煮饭时,先将生米浸泡20分钟后再烹煮,可缩短煮熟时间。用电饭煲煮同样多的米饭,700瓦的电饭煲比500瓦的电饭煲更省时省电。使用电饭煲的保温时间不要超过2小时。

14. 1℃的节能效果

1℃的差别也许身体感受不大,但节能效果却不言而喻。据测试,夏季空调调高1℃,如果以每天开10小时计,则一台1.5匹的空调机可节电0.5千瓦时。此外,夏季空调配合电风扇低速运转,可适当提高空调的设定温度,既舒适又节电。

15. 电冰箱节能窍门多

冷冻的食物解冻可以先放在冰箱冷藏室内一段时间,可以为冷藏室降温,从而达到节能的目的。电冰箱存放食物的容积以80%为宜,储存食品过少会使热容量变小,而储存过密则不利于冷空气循环,会增加压缩机的运行时间。根据季节,电冰箱夏天要调高温控挡,冬天再调低,可以降低能耗。电冰箱开门启用后要随手关门,尽可能减少开门次数,并随时检查电冰箱门是否关紧。

16. 嘘!安静也可以节能

夏夜,清凉的风从窗外吹进来,宝宝在睡梦中甜甜地微笑⋯⋯这是一幅多么祥和的画面。可是城市的噪音污染越发严重,有时甚至让我们无法安静下来。还是从我们自己做起吧,把电视机、音响等的音量调低,不但可以还我们一个宁静的生活空间,还能节约用电呢。

17. "节能高手"微波炉

微波炉比燃气更环保节能,但人们出于使用习惯总是忘记这一点。事实上,微波炉加热最大的优势在于它只对含有水分和油脂的食品加热,而不会加热空气和容器本身。对同等重量的食品进行加热对比试验,结果证明微波炉比电炉节能 65%,比煤气节能 40%。学一学微波炉美食菜谱吧,让这位"节能高手"充分发挥作用。

18. 灯具完全节能化

家中的白炽灯泡早该淘汰了。节能灯比白炽灯效率高 3 倍,寿命长 9 倍,而且发出的光的亮度相当。表面上看,一只普通的 40 瓦白炽灯泡比同样亮度的 8 瓦节能灯要便宜 10~20 元,但如果按每日照明 5 小时来计算,每盏节能灯每年可以节约 70 度电,按每度电 0.61 元来算,一年可节约 42.70 元。需要注意的是,节能灯应买有认证标志的产品,不买劣质低价节能灯。

19. 不给孩子买太多玩具

如今宝宝的童年很幸福,父母往往会给宝宝买很多玩具,但是过多的玩具会造成浪费,而且玩具的生产过程难免会产生环境污染。鼓励孩子珍惜爱护自己的玩具吧,这不但可以节能,还可以培养孩子的良好习惯。

20. 重新拎起"菜篮子"

如今,越来越多的家庭主妇重新拎起了"菜篮子"。提着菜篮子买菜,最大的好处就是改掉了凡是购物总离不开塑料袋的坏习惯。要知道,这不是一件小事,而是利国利民的大事。

21. 亲爱的"二手生活"

家里总是有很多类似"鸡肋"的东西,留着实在没什么用处,丢了又很可惜,于是它们常常被束之高阁。将这些东西捐赠给更需要它们的家庭吧,或者参加一些朋友组织的"二手派对",物物交换,没准儿哪件被别人推出来的旧货正是你所需要的呢。

22. 享受半价用电

安装分时计费电度表,尽量在晚上10点至次日凌晨6点之间使用诸如电热水器、电饭煲、洗衣机、消毒柜、电熨斗等家电,享受半价用电,避峰又省钱。

23. 不用一次性筷子

事实表明,一次性筷子与每餐清洗消毒、不需要众多生产基地和繁琐运送过程的多次性筷子相比,既不方便也不够卫生。而且,一株生长了20年的大树,仅能制成6 000～8 000双筷子,我国每年要为生产一次性筷子而减少森林蓄积200万立方米。所以,从我做起,坚决杜绝一次性筷子进家门。

24. 少用罐装食品和饮料

如今,人们消费的啤酒、汽水、瓶装水和其他罐装食品越来越多。为了盛装这些食品,每年需要制造和扔掉至少二万亿个瓶子、罐头盒、纸箱和塑料杯,消耗了大量的能源和资源。所以,尽量取用自来水煮沸再喝,少用罐装食品和饮料,这不仅有益健康,也是节能的好举措。

25. 少搭电梯多走楼梯

住在五楼以下的主妇,可以考虑少搭电梯,多走楼梯。一来可以省电,二来爬楼梯也是一项健康的有氧运动,可以用来健身。据有关资料显示,每天爬5层楼梯的人心脏病发病率要比普通人低25%,每天登700级楼梯(相当于上下六层楼3次)的人,死亡率比不运动的人低1/4至1/3。也就是说,每登一级楼梯,可延长寿命4秒钟。

26. 尝试过"原始生活"

过惯了都市繁忙生活的人们,真的是电脑、电视机、手机一个都不能少吗? 偶尔过几天没有这些高科技产品的"原始生活"吧,你会发现其中的好处多多:不但节约能源,而且对身体和心情都是一次彻底的放松。

27. 家用电器的节能诀窍

家用电器的使用有很多节能诀窍。比如,电水壶要想省电,又烧水快捷,就要经常去除电热管的水垢,提高加热效率,延长使用寿命;电视机开得越亮、音量越大,耗电量就越多,可以在室内开一盏5瓦的节能灯,适度调整电视机的亮度和音量,不但收看效果好,而且不易使眼睛疲劳;在用微波炉加工的食品上加一层保鲜膜或一个盖子,使被加工食品的水分不易蒸发,既味道好又省电;使用吸尘器时根据不同的情况选择适当的功率,经常清除过滤袋中的灰尘,可减少气流阻力,提高吸尘效率,减少电耗;选用合适容量的燃气热水器,定期清除换热器翅片上的灰烬,可提高换热效率。

28. 有节制的超市购物

每次去超市,你会不会一冲动就买回满满一大堆东西呢? 豪放的"血拼"感觉当然不错,但是当买回的食物过了保质期不得不扔掉时,你是否也会有白白扔掉"血汗钱"的心痛呢? 持家有方的主妇们总是从环保节能的角度来考虑,有节制、有计划地购物,不但节省家庭开支,而且还避免了

家中堆积太多的闲置物品。

29. 拒绝过度包装

一束漂亮的郁金香和几朵小草花,包装纸可能就达七八张之多。虽然某些商品的包装真是漂亮得令人爱不释手,可是作为精明的家庭主妇,你一定知道包装就是垃圾的重要来源之一。过度包装不仅浪费,还造成了污染。如果购买或接受了过度包装的商品,不仅纵容了浪费资源和能源的行为,还浪费了钱财。所以从我做起,从现在做起,拒绝过度包装的商品,逐渐形成一种良好的社会风气。这样长久下去,其意义就不仅仅是节能和省钱了。

30. 外出旅游自备洗漱用品

我国酒店业每天消耗的一次性洗漱用品,堆在一起有一座小山那么高,处理这些只使用过一次的用品,需要消耗的电能,可以让一座中型工厂正常运转 3～7 天。其实,外出旅游时自备洗漱用品,只是举手之劳。想想,在异地他乡,用着自己熟悉的粉红牙刷和有着可爱小熊图案的毛巾,还有印着你和老公亲密合影的杯子,是不是会让你在陌生的酒店里也感受到几分家的温馨呢? 别忘了,除此之外,你还为节能减排作出了自己的贡献。

chapter 6 >>

第六章
家政服务进家庭

　　家政服务是指将部分家庭事务社会化、职业化,由社会专业机构、社区机构、非盈利组织、家政服务公司和专业家政服务人员来承担,帮助家庭与社会互动,构建家庭规范,提高家庭生活质量,以此促进整个社会的发展。

　　随着中国市场经济的不断发展、成熟,产业结构的调整问题摆在了面前。缩小第一、二产业的比重,加大第三产业——服务业的比重,既是实行市场经济的必然结果(市场经济在某种程度上就是服务经济),又顺应了家庭服务消费需求上升的现实状况。家政服务不再被认为是伺候人的、不体面的工作,而和所有其他职业一样被看作是社会分工下的一种行业。2000 年,劳动和社会保障部正式认定"家庭服务员"这一职业。如今,中国家政服务业已初具规模,众多家政服务公司如雨后春笋般出现在各个城市,有些甚至已形成一定品牌,服务范围日益扩大,内部分工更加精细,服务内容开始分级。

　　随着家政行业的发展,家政人员可细分为佣家型家政员、智家型家政员及管家型家政员。其中管家型家政服务是智家型服务的更高级。

1. 佣家型家政员

　　其家庭服务包括:家庭厨艺及饮食,家庭保洁卫生,家庭杂务(洗衣熨烫、代交杂费等),家庭护理(医护、侍疾、母婴护理、育婴月嫂、照顾老人、照顾病人、陪护聊天、家庭保健等),服侍主人(帮主人更衣、换鞋、洗脚等),美容护理,艺术插花、家庭园艺、家居绿化,房屋装饰,宠物照料托管,家电维护等。

2. 智家型家政员

其家庭服务包括:家庭教育(文化课辅导,语言辅导,电脑辅导,艺术辅导,艺术乐器),家庭交往礼仪,生产经营、投资理财,法律服务,择业就业,心理咨询等。

3. 管家型家政员

其家庭服务包括:家庭所有成员的健康和膳食营养管理;家庭物业管理与相关社区物业管理之间的关系协调;日常生活流程的安排;家庭成员信息资料的档案化管理;家庭成员与亲朋好友、社会关系的处理;家用设施维护、日常生活费用和家庭财务的管理;家庭成员学业的协助管理;家庭成员患病就医及发生意外事故的处理;家庭成员人身安全和财产安全的维护;大型家庭活动、家庭与社会关系的公关管理。

家政人员是指经过专业评定具有家政服务资格和能力的人员。家政服务人员共分为两级,分别是家政员和家政师。

通常我们所说的家政服务人员仅指家政员,即职业标准规定的名称:家庭服务员。

(1)家政员。根据要求为所服务的家庭料理家务,照顾家庭成员中的老弱病残孕,管理家庭有关事务的人员。家政员分为三级,即初级家政员(国家职业资格五级)、中级(国家职业资格四级)、高级家政员(国家职业资格三级)。

(2)家政师。在提供家政服务过程中,从事家庭事务管理以及对家政服务活动实施管理的人员。家政师分为三级,即三级家政师、二级家政师、一级家政师,依法从事家政服务活动的经营实体。

家政服务机构根据企业等级,根据综合实力、管理水平、人力资源/服务质量、客户评价、信用状况等评价指标,设置为三个等级,依次为 AAA级(一级)、AA级(二级)、A级(三级)。

第一节　如何管理家政人员

一、家政人员的职业道德

(1) 树立良好的服务形象,明确服务宗旨,增强服务意识;

(2) 发扬艰苦奋斗的优良传统,提倡勤俭朴素作风,做到爱岗爱业;

(3) 不得泄露雇主私人秘密和有关家庭信息,使消费者遭受人身、财产损害;

(4) 要尊重消费者的生活习惯,不干预雇主的私生活;

(5) 不得擅自引领他人进入雇主家中;

(6) 要保守雇主的隐私,不得泄露雇主及其亲友的家庭和工作地址、电话号码、电子邮件信箱及其他私人信息。

家政服务员还必须知法守法:

(1) 遵纪守法,讲文明,讲礼貌,维护社会公德;

(2) 自尊、自爱、自信、自立、自强;

(3) 守时守信、勤奋好学、精益求精;

(4) 热情服务、忠诚本分、宽容谦让;

(5) 尊重雇主,不参"内政"。

二、家政人员的一般要求

家政人员在一个家庭中活动最频繁,有时还会常常与人打道,这就要求我们的家政人员具备起码的素质。无论是个人卫生,还是仪容仪态、举手投足、言谈话语,与家庭成员、邻居、客人相处要有礼节,大方得体。

1. 要有整洁文明的仪表

2. 大方得体的着装

要根据自己的身材情况选择合适的服装;服饰打扮、美容美发要与身份相协调,避免盲目包装,贻笑大方(要求勿着又高又厚又便宜的高鞋,建议平底为佳)。

3. 举止庄重、体态优雅

(1) 要求我们的人员在家庭工作中做到三轻:说话轻、走路轻、操作轻,风急火燎都是大忌。

(2) 家政人员在使用体态语言时,精神状态要保持平静、积极、向上,较能体现出自己内在的气质、修养、情操和性格特征。

(3) 家政工作同样是一项光荣的工作,不要以为低人一等。

三、家政服务的要求

整洁有序是家政服务的第一要求。

1. 怎样巧妙安排好各项工作

(1) 不要让家务影响健康。

(2) 合理安排休息与劳动。

(3) 家务劳动的科学安排。

(4) 适当控制劳动时间。

(5) 编排合理的劳动组合。

(6) 家务劳动标准化。

(7) 增加家务劳动的乐趣。

2. 家政人员也应提高工作效率

(1) 做好工作计划。

(2) 哪些工作优先考虑。

(3) 采用高效的工作方法。如果你在精力旺盛的时候,做最重要的工作,就会收到事半功倍的效果。

(4) 工作时间要有弹性。

3. 家政人员须知

以一般家庭为例,我们从家政人员早上起床(通常6:30)开始统计,一个家庭成员都身体健康,没有特殊困难的家庭,每天做的家务事包括:

(1) 拿牛奶、做早点或买早点,整理床铺,扫地擦地,倒垃圾;

(2) 帮孩子穿衣、洗漱、整理书包,照顾孩子吃饭,收拾厨房,送孩子入托或上学;

(3) 中午接孩子,买菜做饭,饭后清洁;

(4) 下午接孩子到第二课堂,做饭,饭后清洁;

(5) 督促孩子做作业,睡前跟孩子讲故事,引导孩子按时作息,帮助孩子养成按时作息的好习惯(不要轻易辅导孩子做作业、读英语等);

(6) 准备孩子第二天穿的衣物,为家庭成员洗衣、擦鞋;

(7) 周末要做卫生大扫除,清洁排油烟机、煤气灶、清洗大件衣物;

(8) 集中采购,带孩子逛公园、郊游。

城市家庭清洁概要:个人卫生项目、居室卫生项目、环境卫生项目。

4. 家政人员的修养与待人处事方法

1) 个人修养

(1) 家政人员怎样递接物品。接取物品时应当目视对方,而不要只顾注视物品;必要时,应起身而立并主动走近对方。

(2) 家政人员用餐时应有的礼仪。在掰开一次性卫生筷时,切勿将两只筷子相互摩擦去除木屑;不可用餐巾纸擦拭酒杯、餐具,这是对主人及餐馆不礼貌的行为。

2) 家政人员与人沟通、交流的技巧

(1) 与雇主家的成员相处。与长辈的交往中,要关心对方,照顾对方,对于年迈的人尤其要这样,同时要谦逊好学,主动请教长辈;不要自恃聪明能干,话说不停,强词夺理(在雇主家可多介绍家里成员基本的情况);在大庭广众之下,阐述自己的意见,要尽量做到言简意明,宜多用讨教的语气;有不同意见,故作谦虚之态而不坦率也是不妥当的。

(2) 与同辈的交往。宜彼此多交流探讨一些共同关心和感兴趣的问题,如学习当地的风土人情。

(3) 与孩子的交往。要平等相待,多关心体贴他们。

3) 家政人员如何招待客人

(1) 如果是接待事先约好的客人,要提前做好准备。

(2) 如果是招待临时来的客人,也要用适当的方式,不要当着客人面收拾,如房子有点乱,可以做适当的解释。

(3) 把客人领进屋后,请客人入座。

(4) 收到客人的礼物要及时处理。

(5) 要学会与客人聊天(尽量让客人多说,自己洗耳恭听)。

5. 家政人员接听电话的礼仪

(1) 打电话之前请把要说的话记在本子上,清楚地说出主要内容,注意不要浪费对方的时间。

(2) 接电话的时候请说"喂,这是……的家",如果转给别人,应说"请稍后"。

(3) 电话铃响后,要迅速接听,如果铃已响三遍,应向对方表示道歉。

(4) 如果对方要找的人不在旁边,应热情地帮助寻找,找不到时可询问对方"我有什么可以帮到你吗",并准确记下对方留言及时转告,切不可说"不在"就挂断电话,也不要寻根问底。

6. 家政人员的素质要求

(1) 一个家政人员最基本的要求是要有良好的道德品质。

良好的道德品质包括:诚实;正义感,生活中要一身正气,不惧邪恶;不贪不义之财,不乱动不应该动的东西;学会勤俭持家的优良作风,不浪费雇主任何物产;不偷打雇主家电话,如要打私人电话必须征得雇主同意。

(2) 家政人员要有强烈的工作责任感。

(3) 对工作要有耐心,对人要有爱心。

(4) 将心比心。家政人员要用自己的爱心真诚为雇主服务,一定会得到雇主的赞赏和鼓励。

7. 家政人员应有的安全意识和防盗技能

(1) 家政人员单独在家的安全防范措施。必须牢记公司的电话、地址;牢记雇主家中电话、上班电话、手机号码,最好记在本子上;如果有雇主调戏你或威胁你时,请立即向公司打电话或打 110 报警;不得以任何理由带陌生人到雇主家;如果有人敲门,必须问清情况,认为安全时才开门;问话时,不要让陌生人以为你是一人在家,可以大声说喊:"关上电视,有人敲门"或者说"东东,你别管,我来开";有人打电话找你,出门时请一定要把门锁好;晚间独自一人睡时,请拉上窗帘。

(2) 家政人员如何防盗。外出买菜,最好的办法是家中留人看管;切记窗户和大门一样,是窃贼进入的通道;不要在钥匙上写下自己的姓名;不要将钥匙放在皮夹内,避免贼人偷走皮包又按照皮包里的地址进行盗窃。

四、雇主须知

1. 选用服务员的方式

(1) 携带户口本、本人身份证原件和复印件直接到家政公司办理。

(2) 网上选人、来电或 E-mail,由家政公司业务主管上门办理手续。

2. 办理选用服务员的手续

(1) 填写用户登记表、服务合同,同时需交纳相关费用。

(2) 服务费的交纳方式:按照公司具体服务项目的收费标准执行。

(3) 服务员的调换:服务员上岗后,您应该给其半个月左右的适用期,如其在适用期不适应工作,您可提前一周要求调换。

(4) 合同的解除:a)合同期内您若要求解除合同,将服务员送回,按月收取管理费,剩余管理费退还。b)合同期满,您不再续聘服务员,提前一周通知公司,并将服务员送回,合同自动解除。c)合同期满若续签服务员,您可提前通知公司办理合同续签手续。

(5) 您在调换、合同到期、放假时,不可以让家政员自行返回公司,可提前通知公司,若因此造成的后果由用户承担。

(6) 要正确看待家政员,不允许打骂、侮辱、虐待服务员,不能侮辱家政员的人格。

(7) 住宿制服务员,不可以安排其与异性、青年、成年人同居一室(生活不能自理者除外)。

(8) 不可以带服务员到不健康的场所及唆使服务员做违反国家法律、法规的事。

(9) 不可以与服务员个人之间发生财务的往来,不能唆使家政员脱离公司,也不可以自行批准服务员探亲、换户。

(10) 不可以故意隐瞒有传染病的事实。

(11) 服务员在服务当中若发生疾病或其他紧急事故,用户应发扬人道主义精神,积极做出相应措施,并立即通知公司。

(12) 本公司家政员实行级别制管理,请您每月如实配合公司完成回访调查,以便公司做跟踪管理。

(13) 服务员有任何违法乱纪行为或重大失误,请及时和公司联系。

(14) 家中的现金、存单、证券及贵重物品请妥善保管好,有备无患,避免不必要的麻烦。

(15) 不要借钱、借物给家政人员。

(16) 请尽量不要让家政人员使用自己家中的电话号码及通信地址，家政人员的信件等均可由家政公司代转。

(17) 请不要带家政人员到不适宜的场所及介绍家政人员认识过多的亲友。

(18) 未经家政公司及家政人员同意，请不要私自调换、转借家政人员。

(19) 如需安排家政人员做合同外的工作，必须经公司及家政人员同意方可。

(20) 合同期内如家庭地址或电话号码变更，请及时通知家政公司，以便更好地为你服务。

五、常见问题

1. 为什么要预付一个月工资

因为协议签订后，服务行为就已经开始，由公司预收服务费可以：(1)加强对家政服务员的管理；(2)避免客户同家政服务员经济上的直接接触；(3)能使家政服务员安心为客户服务。

2. 家政服务员有哪些不足之处

没有一个家政服务员是十全十美的，他们确实还存在一些不足之处：(1)他/她们远离家乡，难免想家，请给他/她们一个适应期和融洽的工作环境；(2)文化水平不高，对城市生活缺乏了解，缺少一些生活常识；(3)缺乏合同观念和较强的劳动纪律观念。

3. 应该如何和家政服务员融洽相处

一般家政服务人员进入你的家庭，看到、听到和遇到的，全都非常陌生，陌生令他们无所适从，从而变得拘谨、缩手缩脚，有时连思维也变得非常迟钝，并因此变得自卑，但他们都能够做好家政服务工作，请你给予他们多一点理解、关心、鼓励、帮助和包容。

经验告诉我们,这样的家庭不难请到好的家政服务员:(1)在工作上,应该对他们提出合理的要求,不能放任不管,不好意思说出您的意见;(2)在生活上,应该不时给予他们一定的关心,让他们感到家庭般的温暖;(3)在人格上,应该尊重他们、平等相待,绝不能辱骂、殴打他们,侵犯人权;(4)有一颗包容的心,应考虑到他们的素质普遍偏低,工资也不高,不可能完美无缺。

4. 如何聘请合适的家政服务员

主要考虑以下几点:

(1)安全最重要。去正规的家政公司,那里是有组织统一培训输送的。切忌找社会上的散兵游勇。

(2)女服务员的年龄。不同年龄的女服务员,各有优缺点,必须依不同的家庭情况而定。一般情况如下:17~25岁以下,这个年龄阶段的女服务员教育程度较高,体力精力充足,最适合带小孩和做一般家务;25~40岁以下,这个年龄阶段的女服务员一般较成熟、稳重,工作经验较多,最适合护理月子母婴、病人、幼儿;40岁以上,这个年龄阶段的女服务员都具有相当多的工作经验及人生经历,富有耐性,往往是最佳的聆听者,最适合照顾老人、病人。

(3)受教育程度也重要。受教育程度较高的服务员其个人卫生、组织力、学习能力及沟通能力较强,容易与您的孩子相处融洽。但她们的自尊心较强,不容易妥协或不喜欢接受不合理的指责。受教育程度较低的服务员一般较听话、忠心,忍耐力较强。但她们在学习新事物、表达能力、个人卫生及工作条理性上会差一些。

(4)新服务员与老服务员。新的女服务员,思想较单纯忠心,更容易接受新事物。她们需要较多的时间去适应城市的生活节奏和方式,理解用户的指示较慢。但她们可以完全根据用户的指示去工作。有了几年工作经验的服务员,一般都能独立工作,上手快。但往往喜欢比较以往用户的情况和条件,容易沾染偷懒的毛病、较难控制和不容易接受新事物。

(5) 判断要靠第一印象和推荐。要相信您的第一印象和公司推荐。用人不疑。

■ 第二节　如何与家政服务公司打交道

家政公司又称保姆公司,指的是提供室内外清洁、打蜡、清洗地毯沙发、月嫂服务、管家、钟点服务等服务的公司。

家政公司一般分成三种,服务型、中介型和会员型。

(一) 服务型:员工接受公司管理和培训,由公司发工资,服务项目以钟点工为主;

(二) 中介型:收集大量家政员工的信息资料,然后推荐给客户,收中介费而已。这类公司大部分是以介绍 12 小时或 24 小时制的保姆、月嫂或养老人员为主。

(三) 会员制家政服务组织:会员制家政服务组织(或称为综合型家政服务组织)运作模式既不同于纯粹的中介型家政服务组织,又不同于全面管理的员工制家政服务组织,它是中介型家政服务组织和员工制家政服务组织两种模式的综合体,是介于两者之间的一种经营管理模式。该类运作模式是一种根据不同经济收入的雇主对家政服务员的需求,利用市场经济手段对雇主的不同服务需求而采取差异化服务的一种运作模式。

时下请家政人员难,请安全可靠的家政人员更难,这已成了全国城市居民公认的挠头事儿。其实,请家政人员最好在辨别家政人员公司资质上多下工夫,跟姓"法"的家政公司签好服务合同。

之所以如此,是因为在时下的家政服务市场上,通过中介渠道自雇家政人员和与家政公司签服务合同由其派家政人员是最常见的两种方式，而两者的法律关系差别甚大。自雇家政人员的家庭就是雇主，而后一种情况下雇主则是家政公司，家庭只是家政服务的消费者。

广州是全国最早实现家政服务法制化管理的城市。2001年3月诞生的地方法规，规范了家政公司等家庭服务经营者、家庭服务人员（俗称的家政人员等）、家庭服务消费者之间的关系，要求"经营者应当依法与家庭服务人员签订书面劳动合同"，"经营者与消费者应当签订家庭服务合同"，还对合同的内容、违反合同的法律责任等作了规定。在法规的约束与导引下，深圳不仅在全国率先出现了"特级家政人员"，更产生了"员工制"的家政公司。

"员工制"家政公司及相关法规、司法解释的诞生，都强化了家政服务市场上各种主体的权利义务意识，因此，一些不规范的家政公司，便采取以中介服务规避劳务职能去谋取利润最大化，他们或者尽量不与消费者签书面合同，或者在合同内容上偷梁换柱，避开实质性家庭劳务项目，而仅仅提供介绍服务，以捞取介绍费为宗旨。这就加大了家庭服务消费者选择家政公司、与之签约的困难，也是家政人员"玩失踪"的病根所在。除了政府依法加强对家政市场的监管外，对于不熟悉法律也不熟悉家政服务市场规则的消费者来说，要避免家政人员"玩失踪"之类的风险，最好在请家政人员、签合同的时候请律师或熟悉法律的亲友陪同咨询。

一、家政公司可供选择的服务项目

（一）住家保姆服务内容

(1) 6:00起床洗脸刷牙，一定要保持自己的口腔清新。

(2) 开窗户、烧开水。

(3) 擦家具（沙发、窗户、椅子），要根据情况使用清洁剂，并用干湿两块抹布,电视、电脑、DVD 机器等用干抹布擦。(清洁剂的使用征求客户的意见。)

(4) 扫地,擦地使用清洁剂,把角落摆放的东西搬开进行清理。

(5) 准备早餐。

(6) 整理卧室,窗户必须彻底打扫干净。

(7) 浴室(卫生间):浴室内外要擦干净(使用清洁剂)。

(8) 洗衣服。

(9) 准备午餐、晚餐。

(10) 熨衣服。

(11) 买菜。

(12) 擦皮鞋等。有条不紊地开始工作。

(二) 非住家保姆

目前基本上所有的家政公司推出的保姆都是住家保姆服务。但是有不少雇主家庭住房面积小,或者不愿别人完全进入自己的生活圈,这时候,住家保姆就不能有效地满足雇主的需要了,那么,住家保姆和非住家保姆有什么实质性的区别?

住家保姆是公司以"派出制"的管理模式,派出为家庭提供家政服务的家政服务人员,与雇主同吃同住在一个房子里,但是这样带来了上面所说的不便。而非住家保姆是不住在家庭的,属于一种长时间固定的钟点服务,但是比起钟点费用来要优惠得多了。

非住家保姆的服务时间根据雇主的需要,时间范围在早上 7:00 至晚上 9:00 的中间任意 8 小时的工作时间(可以间断)。

(三) 专业管家服务内容

在中国,管家还仅属于起步阶段,专业管家需要具备高学历、高技能、高素质,年龄大都在 25~45 岁之间。

(1) 家庭礼仪礼节；

(2) 中餐制作、营养配餐；

(3) 家居保洁；

(4) 家用电器的使用与安全；

(5) 衣物的洗熨与保养；

(6) 家庭理财与采购管理；

(7) 日常疾病的防治与婴幼儿、老人的基础护理；

(8) 为作家、撰稿人、专家、教授或公司主管等在家办公人士提供抄写、打字、收发传真、电子邮件、上网查找资料等服务；

(9) 为个人提供文书、个人理财、生活管理等秘书服务；

(10) 家庭教育；

(11) 驾驶、保镖等。

(四) 老人护理

老人陪护服务员必须具有专业医护知识，对老人、病人、残疾、智障具有专业护理技能及护理经验；具备爱心、耐心、责任心，为所服务的老人带来祥和、舒适的晚年生活。

1. 日常陪护

(1) 护理老人卫生，如衣物清洗、协助老人洗浴，保证老人行动安全。

(2) 护理老人的保健，如大小便及日常生理健康。

(3) 帮助卧床病人按时更换体位，防止褥疮发生，保持血液循环和肺部呼吸通畅。

(4) 经常帮助老人活动，根据需要为老人按摩。

(5) 保持老人的起居，进行合理的营养饮食搭配。

(6) 注重精神陪护，经常和老人聊天，使老人精神愉快、生活充实。

(7) 帮助老人进行锻炼，合理安排作息时间，并保护老人活动时的安全。

2. 保健与护理

(1) 病情监测。

(2) 常见疾病护理。

(3) 辅助治疗。

3. 老人日常餐制作

(1) 营养搭配,或个性化的日常餐制作。

(2) 家庭餐制作。

(3) 煲汤。

4. 心理安慰

(1) 聊天、讲故事、读书读报。

(2) 开导陪护老人,保持其精神愉快。

5. 日常家政服务

(1) 家庭保洁。

(2) 衣物洗涤与保养。

(3) 家用电器的使用和保养。

(4) 买菜与记账。

(五) 家居保洁

服务内容:地毯清洗、沙发清洗、电脑清洗、油烟机清洗、吊灯清洁、家用空调清洗、地板打蜡和翻新、地面砖翻新、家庭日常保洁、新居打扫等。

(六) 钟点工

具有专业的家居清洁、洗衣熨烫、配菜及烹饪技能。

1. 家政钟点工

钟点工是一种比保姆更加灵活的家政服务形式,其服务形式主要采取三种方式:临时钟点服务、随叫随到和固定钟点服务。

● 临时钟点服务:时间从 1 小时到数小时不等,根据您的要求,上门服务,收费标准以实际服务时间计算。

● 随叫随到:每次 2 小时以上。

● 固定钟点服务:根据您的要求,可以每天、每周、每月在特定的时间上门服务,比如说,每周一至周五,下午 5:00～8:00。

钟点工主要服务范围为买菜、做饭、家居清洁等。

服务内容:

(1) 家居保洁;

(2) 衣物洗涤、熨烫与保养;

(3) 家庭采购;

(4) 简易家庭餐制作;

(5) 看护小孩及婴幼儿辅助护理;

(6) 接送小孩上学;

(7) 照顾老人或病人;

(8) 宠物饲养、花草养护等。

2. 其他钟点服务

(1) 临时文员。18～25 岁,具备日常电脑操作知识,为您在繁忙季节或重要客户来临的时候提供电话接听、客户咨询服务。

(2) 临时个人助理、临时秘书。18～25 岁,具备日常电脑操作知识,在重要客户来临的时候提供接待服务。

(3) 体力工人。针对各类搬迁。

(4) 代客服务。代客排队、代定最优惠机票、代客接送、代客看望病人朋友。

(七) 育婴早教

育婴早教员是指学历达到高中(中专)以上,年龄在 35 岁以下的一专多能服务员工,强项是科学育儿、早教幼教。不但对婴幼保育、早期教育有一定的能力,而且在打理家务上与普通家政员工相比也不逊色。沟通互动能力和理解能力也都是相当不错的,因为培训起点高、要求严,没有良好的心理素质和职业认同感,是无法从事这份工作的。

服务内容:主要针对0～3岁婴幼儿提供生活照料、日常健康护理及早期教育等工作,兼做一般家务。

(1) 生活照料:主要有饮食、饮水、睡眠、二便、三浴、卫生、营养配餐、辅食添加、衣服玩具清洁等。

(2) 日常卫生与护理:生长监测、预防接种、常见疾病护理、预防铅中毒、预防意外伤害。

(3) 启蒙开发:音乐智能、动作技能训练。其中大动作包括抬头、翻身、坐、爬、走、跑、跳;精细动作包括手、眼、脑协调。

(4) 学前教育:游戏陪伴、儿歌舞蹈、英语教育、发展测评、社会行为及人格培养、实施个别化教学计划。

(5) 生长测评:育婴师首先对宝宝的生长发育测评,根据测评结果,制订宝宝全方位的日计划、周计划、月计划,并进行实施,在实施过程中,随宝宝生长发育的情况,调整计划,再进行实施,使宝宝一天天健康快乐成长。

(6) 日常保健:体格训练、婴幼儿被动操、婴幼儿健身操。

(八) 月嫂

月嫂又称母婴护理员和月子保姆,是产妇与新生儿的专业护理师,是随着社会发展趋势应运而生的新兴职业。月嫂必须具备专业的知识和特殊的技巧才能,根据产妇及新生儿的特点实施适合她们身心的整体护理。

月嫂主要服务内容为:

1. 产妇护理

(1) 产后生活起居料理、营养膳食调配、协助产妇擦洗身子、洗涤产

妇衣物；

（2）乳房护理及哺育指导、产后恢复观察与指导、恶露观察、子宫恢复；

（3）与产妇交流育儿心得，进行心理沟通，避免产后抑郁症的出现。

2. 新生儿护理

（1）为新生儿喂养、洗澡、抚摸、换洗衣物及尿布；

（2）脐带护理、尿布疹和黄疸观察、臀部护理、新生儿用品的选择与建议、新生儿游泳；

（3）帮助产妇为宝宝做婴儿操，寓教于乐，锻炼宝宝四肢协调能力，开发宝宝的潜能。

3. 家务劳动

适当帮助客户做家务。

（九）育儿嫂

对0～3岁婴幼儿进行生活护理，在产妇坐月子之后还需要对宝宝进一步呵护，帮助客户科学育儿。育儿嫂主要服务内容为：

（1）培养婴儿良好的生活习惯，训练宝宝的爬、卧、坐、行及语言沟通能力；

（2）科学育儿，合理添加辅食，养成宝宝良好的饮食习惯；

（3）婴儿生活护理：洗衣服、换洗尿布，洗澡抚触，合理添加衣服等。

月嫂等级有：

（1）明星月嫂：从事本行业实际工作5年以上，有过成功护理高产、早产产妇、新生儿和双胞胎经验，或在医院妇产科、内儿科工作过多年的护士、医师等。

（2）金牌月嫂：从事本行业实际工作3年以上，有过成功护理特殊产妇、新生儿、婴幼儿经验，或在医院妇产科、内儿科工作过多年的护士、医师等。

(3) 特级月嫂:中专以上学历,有相关工作经历,从事本行业实际工作 3 年以上;

(4) 高级月嫂:实际入户并完成工作 12 家以上,从事本工作 2 年以上,无退单现象;

(5) 中级月嫂:实际入户并完成工作 6 家以上,无退单现象;

(6) 初级月嫂:有育儿工作经验,形象较好,培训合格的人员。

(十) 涉外管家

近几年来,由于改革开放,许多外籍人员纷纷入驻中国,在中国工作、学习、生活,他们更离不开家政的服务。因此中国家政行业也随之而发展,由普通的保姆变为现代的管家。许多大学生纷纷进入外籍人士的家庭,做起了涉外管家,当起了家政白领,是市场的需求让中国人改变了过去的观念。

涉外管家需具备大专以上学历,英语口语流利,综合素质好,懂国外礼仪礼节、风俗习惯、风土人情。

服务内容:

1. 礼仪服务

人际交往礼仪、日常文明用语,与人和谐相处。

尊重客户生活习俗。

客户家庭宴会的礼仪、用餐礼仪。

2. 家居保洁

卫生间、厨房、客厅、卧室包括地面、墙面、瓷盆、厕盆、浴缸的保洁。

家电、家具保洁。

庭院、花园保洁。

3. 家居美化

家庭花草养护。

插花艺术、规划摆设、装饰等(家居范围)。

器皿的清洗与保养。

4. 家务管理

衣物的清洗熨烫。

衣物、皮具、电器、家具的保养。

家电及通讯设施的使用与安全。

家庭办公设备的使用、管理和保养。

防火与防盗。

日常事务的处理(来电、来函处理,重要活动提醒与协调、活动日程安排、文件整理归档、实质性问题处理等)。

5. 家庭理财、采购管理

日常开支与记账及采买(包括粮油食品、蔬菜水果、烟酒茶、副食品等)。

固定支出月记账(包括房费、物业管理费、卫生费、电梯费、水电费、燃气费、电话费、网络费、有线或数字电视费、其他家庭固定费用等)。

招待费用记账(包括家庭宴会、家庭招待酒会、家庭联谊茶话会、家庭舞会)。

医疗费用(门诊费、治疗费、住院费、药费)。

旅游费用(郊游、异地旅游,海外旅游的交通费用、食宿费、门票费)。

健康娱乐(健身、滑雪、打高尔夫、摄影、购书、听音乐会费用)。

养车费用(养路费、保险费、汽油费、车辆的维修费)。

房屋保养维护费用(个人房产的零修、中修、大修费用)。

外国货币的识别与使用。

6. 厨艺管理

定膳食计划、茶艺、营养配餐、中餐制作、面食制作、西餐制作(调酒、西点制作、菜式制作、咖啡的沏制)。

7. 家庭成员的精心照顾、教育与护理

3～6个月婴幼儿护理。

6～12岁学龄儿童生活照料与教育。

12～18岁生活照料与教育。

8. 英语教学、中文翻译、涉外事务的处理（例如与孩子的外籍老师沟通孩子的学习状况）

二、和家政公司打交道应注意什么

现在家中请家政人员已经是很平常的事了，那么与家政公司打交道要注意哪些方面呢？

（1）了解家政公司的历史，做到知己知彼。将来你与家政人员发生纠纷，要面对的是家政公司而不是家政人员个人。一旦出现意外，家政公司为了维护自己的信誉会不惜一切代价与你打官司。

（2）观察家政服务公司接待管理人员的素质和服务水平。正规家政公司的服务员都是经过专业培训的，从家政公司接待管理人员身上基本能看出其服务员的服务水平。不要迷信牌子，有的家政公司会给自己做一块"××办事处三八服务站定点服务单位"铭牌挂在办公室。

（3）仔细审核家政公司的合同。将来与家政人员发生纠纷后，与家政公司签订的服务合同是唯一能保障你利益的法律凭证。现实中客户往往忽略这一点，不假思索就在合同上签字，为将来自己维权留下隐患。

附：

家政服务合同(员工管理全日制类)

甲方(消费者)：＿＿＿＿＿

乙方(经营者)：＿＿＿＿＿

根据《中华人民共和国合同法》、《中华人民共和国消费者权益保护法》及其他有关法律、法规的规定,甲乙双方在平等、自愿、公平、诚实信用的基础上就家政服务的相关事宜协商订立本合同。

第一条　家政服务内容

乙方应选派家政服务员＿＿＿＿＿人,为甲方提供下列第＿＿＿＿＿项服务。

1. 一般家务；　2. 孕、产妇护理；　3. 婴、幼儿护理；　4. 老人护理；　5. 家庭护理病人；　6. 医院护理病人；　7. ＿＿＿＿＿。

第二条　乙方家政服务员应满足的条件

性别：＿＿＿＿　学历：＿＿＿＿　籍贯：＿＿＿＿　年龄：＿＿＿＿　级别：＿＿＿＿

乙方家政服务员应具备的技能或达到的要求：＿＿＿＿。

第三条　服务场所：＿＿＿＿。

第四条　服务期限：＿＿＿＿年＿＿＿＿月＿＿＿＿日至＿＿＿＿年＿＿＿＿月＿＿＿＿日。

第五条　试用期及服务费用

1. 乙方家政服务员上岗试用期为＿＿＿＿个工作日,试用期服务费(大写)_____元人民币/日。在试用期内,乙方家政服务员达不到约定技能等要求或符合其他调换条件的,乙方应在甲方提出调换要求后 3 日内予以调换,调换后试用期重新计算;甲方应按乙方家政服务员的实际试用时间支付试用期服务费。

2. 试用期满后,甲方应按以下标准支付服务费:乙方家政服务员工资_____元人民币/月和家政公司管理费_____元人民币/月,共计_____元人民币/月。

支付期限:按□月/□季/□半年/□年向乙方支付,具体时间为_____。

支付方式:□现金　□转账　□支票　□_____。

3. 签约时一方向另一方支付保证金的,合同终止后,保证金在扣除其因违约所应承担的责任金额后,余额应如数退还。

第六条　甲方权利义务

1. 甲方权利:

(1) 甲方有权合理选定、要求调换乙方家政服务员。

(2) 甲方对乙方家政服务员健康情况有异议的,有权要求重新体检。如体检合格,体检费用由甲方承担;如体检不合格,体检费用由乙方承担。

(3) 甲方有权拒绝乙方家政服务员在服务场所内从事与家政服务无关的活动,具体要求事项由甲方与乙方家政服务员另行约定。

(4) 甲方有权向乙方追究因乙方家政服务员故意或重大过失而给甲方造成的损失。

(5) 有下列情形之一的,甲方有权要求调换家政服务员(第⑧、⑨除外)或解除合同:

① 乙方家政服务员有违法行为的;

② 乙方家政服务员患有恶性传染病的;

③ 乙方家政服务员未经甲方同意,以第三人代为提供服务的;

④ 乙方家政服务员存在刁难、虐待甲方成员等严重影响甲方正常生活行为的;

⑤ 乙方家政服务员给甲方造成较大财产损失的;

⑥ 乙方家政服务员工作消极懈怠或故意提供不合格服务的;

⑦ 乙方家政服务员主动要求离职的;

⑧ 试用期内调换_____名同级别的家政服务员后仍不能达到合同要求的;

⑨ 空岗_____日乙方未派替换人员到岗工作的;

⑩ _____。

2. 甲方义务:

(1) 甲方应在签订合同时出示有效身份证件,如实告知家庭住址、居住条件(应注明是否与异性成年人同居一室)、联系电话、对乙方家政服务员的具体要求,以及与乙方家政服务员健康安全有关的家庭情况(如家中是否有恶性传染病人、精神病人等)。以上内容变更应及时通知乙方。

(2) 甲方应按合同约定向乙方支付服务费。

(3) 甲方应尊重乙方家政服务员的人格尊严和劳动,提供安全的劳动条件、服务环境和居住场所,不得歧视、虐待或性骚扰乙方家政服务员。如遇乙方家政服务员突发急病或受到其他伤害时,甲方应及时采取必要的救治措施。

(4) 甲方应保证乙方家政服务员每月 4 天的休息时间和每天基本的睡眠时间,并保证其食宿。在双休日以外的国家法定假日确需乙方家政服务员正常工作的,要给予适当的加班补助,或在征得乙方家政服务员同意的前提下安排补休。

(5) 甲方未经乙方同意,不得要求乙方家政服务员为第三方服务,也不得将家政服务员带往非约定场所工作,或要求其从事非约定工作。

(6) 甲方有义务配合乙方对乙方家政服务员进行管理、教育和工作指导,并妥善保管家中财物。

(7) 服务期满甲方续用乙方家政服务员的,应提前 7 日与乙方续签合同。

第七条　乙方权利义务

1. 乙方权利:

(1) 乙方有权向甲方收取服务费及有关费用。

(2) 乙方有权向甲方询问、了解投诉或家政服务员反映情况的真实性。

(3) 有下列情形之一的,乙方有权临时召回家政服务员或解除合同:

① 甲方教唆家政服务员脱离乙方管理的;

② 甲方家庭成员中有恶性传染病人而未如实告知的;

③ 甲方未按时支付有关费用的;

④ 约定的服务场所或服务内容发生变更而未取得乙方同意的;

⑤ 甲方对家政服务员的工作要求违反国家法律、法规或有刁难、虐待等损害家政服务员身心行为的;

⑥ 甲方无正当理由频繁要求调换家政服务员的;

⑦ _____。

2. 乙方义务:

(1) 乙方应为甲方委派身份、体检合格并符合合同要求的家政服务员;乙方家政服务员应持有该市或原所在地县级以上医院在一年以内出具的体检合格证明。

(2) 乙方应本着客户至上、诚信为本的宗旨,指导家政服务员兑现各项约定服务。

（3）乙方负责家政服务员的岗前教育和管理工作，实行跟踪管理，监督指导，接受投诉、调换请求并妥善处理。

（4）乙方应为家政服务员投保《家政服务员团体意外伤害保险》。

第八条　违约责任

1. 任何一方违反合同约定，另一方均有权要求其赔偿因违约造成的损失；双方另有约定的除外。

2. 有关违约的其他约定：＿＿＿＿＿＿。

第九条　合同争议的解决方法

本合同项下发生的争议，由双方当事人协商解决或向消费者协会、家政服务协会等机构申请调解解决；协商或调解解决不成的，按下列第＿＿＿＿＿＿种方式解决。

1. 依法向＿＿＿＿＿＿人民法院起诉；

2. 提交＿＿＿＿＿＿仲裁委员会仲裁。

第十条　其他约定事项

＿＿＿＿＿＿。

第十一条　合同未尽事宜及生效

双方可协商解除本合同。未尽事宜双方应另行以书面形式补充。

本合同一式两份，甲乙双方各执一份，具有同等法律效力，自双方签字或盖章之日起生效。

甲方(签字)：　　　　　　　　　乙方(盖章)：

家庭地址：　　　　　　　　　　单位地址：

联系电话：　　　　　　　　　　联系电话：

年　月　日　　　　　　　　　　年　月　日